"十四五"职业教育国家规划教材

住房和城乡建设部"十四五"规划教材

全国住房和城乡建设职业教育教学指导委员会
建设工程管理专业指导委员会规划推荐教材

工程建设定额原理与实务

（第四版）

何　辉　吴　瑛　编著

游劲秋　陈俊宇　主审

中国建筑工业出版社

图书在版编目（CIP）数据

工程建设定额原理与实务 / 何辉，吴瑛编著. — 4
版. — 北京：中国建筑工业出版社，2023.8（2025.2重印）
"十四五"职业教育国家规划教材　住房和城乡建设
部"十四五"规划教材　全国住房和城乡建设职业教育教
学指导委员会建设工程管理专业指导委员会规划推荐教材
ISBN 978-7-112-29022-2

Ⅰ.①工…　Ⅱ.①何…②吴…　Ⅲ.①建筑工程-工
程造价-高等职业教育-教材　Ⅳ.①TU723.3

中国国家版本馆 CIP 数据核字（2023）第 147949 号

本教材全面系统地介绍了工程建设定额的基本原理和编制方法，主要内容包
括：工程建设定额概论、人工、材料、机械台班消耗定额的确定、企业定额、建
筑安装工程人工、材料、机械台班单价的确定方法、预算定额、概算定额、概算
指标和投资估算指标、工程费用和费用定额、工期定额等。本教材依据全国和地
方最新基础定额，结合最新规范和计价方法编写而成。教材中配有大量的例题，
也有可供参考的技术经济资料，具有较强的实用性和可操作性。

本书可作为高职院校工程造价专业及相关专业的教材，亦可作为工程造价从
业人员及自学者参考书。

为更好地支持相应课程的教学，我们向采用本书作为教材的教师提供教学课
件，有需要者可与出版社联系，邮箱：jckj@cabp.com.cn，电话：(010) 58337285，
建工书院 https://edu.cabplink.com（PC 端）。

责任编辑：张　晶　杨　虹　王　跃
责任校对：张　颖
校对整理：董　楠

"十四五"职业教育国家规划教材
住房和城乡建设部"十四五"规划教材
全国住房和城乡建设职业教育教学指导委员会建设工程管理专业指导委员会规划推荐教材
工程建设定额原理与实务（第四版）
何　辉　吴　瑛　编著
游劲秋　陈俊宇　主审

*

中国建筑工业出版社出版、发行（北京海淀三里河路9号）
各地新华书店、建筑书店经销
北京科地亚盟排版公司制版
北京中科印刷有限公司印刷

*

开本：787毫米×1092毫米　1/16　印张：12¼　字数：303千字
2024年1月第四版　2025年2月第四次印刷
定价：**38.00**元（赠教师课件）
ISBN 978-7-112-29022-2
（41746）

出 版 说 明

党和国家高度重视教材建设。2016 年，中办国办印发了《关于加强和改进新形势下大中小学教材建设的意见》，提出要健全国家教材制度。2019 年 12 月，教育部牵头制定了《普通高等学校教材管理办法》和《职业院校教材管理办法》，旨在全面加强党的领导，切实提高教材建设的科学化水平，打造精品教材。住房和城乡建设部历来重视土建类学科专业教材建设，从"九五"开始组织部级规划教材立项工作，经过近 30 年的不断建设，规划教材提升了住房和城乡建设行业教材质量和认可度，出版了一系列精品教材，有效促进了行业部门引导专业教育，推动了行业高质量发展。

为进一步加强高等教育、职业教育住房和城乡建设领域学科专业教材建设工作，提高住房和城乡建设行业人才培养质量，2020 年 12 月，住房和城乡建设部办公厅印发《关于申报高等教育职业教育住房和城乡建设领域学科专业"十四五"规划教材的通知》（建办人函〔2020〕656 号），开展了住房和城乡建设部"十四五"规划教材选题的申报工作。经过专家评审和部人事司审核，512 项选题列入住房和城乡建设领域学科专业"十四五"规划教材（简称规划教材）。2021 年 9 月，住房和城乡建设部印发了《高等教育职业教育住房和城乡建设领域学科专业"十四五"规划教材选题的通知》（建人函〔2021〕36 号）。为做好"十四五"规划教材的编写、审核、出版等工作，《通知》要求：（1）规划教材的编著者应依据《住房和城乡建设领域学科专业"十四五"规划教材申请书》（简称《申请书》）中的立项目标、申报依据、工作安排及进度，按时编写出高质量的教材；（2）规划教材编著者所在单位应履行《申请书》中的学校保证计划实施的主要条件，支持编著者按计划完成书稿编写工作；（3）高等学校土建类专业课程教材与教学资源专家委员会、全国住房和城乡建设职业教育教学指导委员会、住房和城乡建设部中等职业教育专业指导委员会应做好规划教材的指导、协调和审稿等工作，保证编写质量；（4）规划教材出版单位应积极配合，做好编辑、出版、发行等工作；（5）规划教材封面和书脊应标注"住房和城乡建设部'十四五'规划教材"字样和统一标识；（6）规划教材应在"十四五"期间完成出版，逾期不能完成的，不再作为《住房和城乡建设领域学科专业"十四五"规划教材》。

住房和城乡建设领域学科专业"十四五"规划教材的特点，一是重点以修订教育部、住房和城乡建设部"十二五""十三五"规划教材为主；二是严格按照专业标准规范要求编写，体现新发展理念；三是系列教材具有明显特点，满足不同层次和类型的学校专业教学要求；四是配备了数字资源，适应现代化教学的要求。规划教材的出版凝聚了作者、主审及编辑的心血，得到了有关院校、出版单位的大力支持，教材建设管理过程有严格保障。希望广大院校及各专业师生在选用、使用过程中，对规划教材的编写、出版质量进行反馈，以促进规划教材建设质量不断提高。

住房和城乡建设部"十四五"规划教材办公室

2021 年 11 月

修订版前言

"工程建设定额原理与实务"是工程造价、建筑经济信息化管理和建设工程管理等专业的核心课程，它从研究建筑安装产品的生产成果与生产消耗的数量关系着手，合理地确定完成单位建筑安装产品的消耗数量标准，是一门技术性、综合性、专业性和政策性都很强的课程。通过本课程的学习，重点培养学生的能力，为准确进行工程计价打下基础。

本书依据教育部发布的《高等职业学校工程造价专业教学标准》和全国住房和城乡建设职业教育教学指导委员会工程管理专业指导委员会组织编写的《高等职业教育工程造价专业教学基本要求》及住房和城乡建设部颁发的《房屋建筑与装饰工程消耗量定额》TY 01—31—2015、《建设工程劳动定额》、《建筑安装工程工期定额》TY 01—89—2016、《建设工程工程量清单计价规范》GB 50500—2013、《建筑安装工程费用项目组成》以及部分地区建筑工程预算定额编写的。在编写过程中，力求做到语言精练、通俗易懂、博采众长、理论联系实际，不仅适用于高职工程造价等相关专业，也是工程造价人员业务学习的参考书。

本书在"十四五"职业教育国家规划教材、"十二五"职业教育国家规划教材《工程建设定额原理与实务（第三版）》的基础上结合现行工程计价改革目标和最新政策法规进行了以下几方面修订：一是根据现行《建设工程劳动定额》对第2章进行了全面修订；二是新添了许多实例，更好地满足了教学需求；三是对原教材中相关内容按最新规范与定额进行了修订；四是每章增加了自测题，更好地帮助学生进行自主学习并巩固学习成果。

本书共8章，第1、2、7、8章由浙江建设职业技术学院何辉、汪政达编写，第4、5、6章由浙江建设职业技术学院吴瑛、谢联瑞编写，第3章由山西四建集团有限公司张萍、山西建设云数智科技有限公司刘志强、湖北城市建设职业技术学院叶晓容与浙江建设职业技术学院何辉编写，思考题与自测题由浙江建设职业技术学院汪政达、何辉、吴瑛编写。全书由何辉、吴瑛统稿与修改。浙江省建设工程造价管理总站游劲秋、陈俊宇担任主审。

本书的编写因限于编者水平，不妥之处在所难免，恳请读者批评指正，以利于今后补充修正。

第一版前言

本书是全国建设管理类高等职业教育工程造价、工程管理、建筑经济管理等专业的主干课教材。本书是根据全国高等学校土建学科教学指导委员会高等职业教育专业委员会制定的该专业培养目标和培养方案及主干课程教学基本要求及建设部颁布的《全国统一建筑工程基础定额》《全国统一建筑安装工程劳动定额》《全国统一建筑安装工程工期定额》，以及部分地区建筑工程定额编写的。在编写过程中，力求做到语言精练、通俗易懂、博采百家之长、理论联系实际。不仅适用于高职工程造价相关专业，也是工程概预算人员业务学习的参考书。

本教材共六章，第一、二、五、六章由浙江建设职业技术学院何辉编写，第三、四章由浙江建设职业技术学院吴瑛编写，由何辉、吴瑛共同统稿和修改。四川建设职业技术学院袁建新老师担任主审。本书在编写过程中还得到浙江建设职业技术学院刘建军副教授的大力支持和帮助，在此，作者表示衷心感谢。

加入 WTO 后，工程造价管理已向着全面与国际接轨的方向发展，许多政策与法规会不断地发生变化，加上编者的水平有限，书中难免存在错误或不足之处，敬请有关专家和广大读者批评指出。

目　　录

1 工程建设定额概论

┌─ 造价匠师心语 ─────────────────────────────────

"定额"是工程建设中衡量经济的专属名词，就像一杆秤，上面刻满了一个个具体数据，它影响着政府的投资决策，工程承发包之间的建设运营成本，甚至是每一个与工程相关人的生活，作为造价人必须秉承客观公正、实事求是、认真科学的态度对待。
└──

1.1 工程建设定额的产生与发展

1.1.1 定额的一般概念

"定"就是规定，"额"就是数量，即是规定在生产中各种社会必要劳动的消耗量（活劳动和物化劳动）的标准尺度。

生产任何一种合格产品都必须消耗一定数量的人工、材料、机械台班，而生产同一产品所消耗的劳动量常随着生产因素和生产条件的变化而不同。一般来说，在生产同一产品时，所消耗的劳动量越大，则产品的成本越高，企业盈利就会降低，对社会贡献就会降低，反之，所消耗的劳动量越小，产品的成本越低，企业盈利就会增加，对社会贡献就会增加。但这时消耗的劳动量不可能无限地降低或增加，它在一定的生产因素和生产条件下，在相同的质量与安全要求下，必有一个合理的数额。作为衡量标准，同时这种数额标准还受到不同社会制度的制约。

因此，定额的定义可表述如下：

定额就是在一定的社会制度、生产技术和组织条件下规定完成单位合格产品所需的人工、材料、机械台班的消耗标准。它反映着一定时期的生产力水平。

在数值上，定额表现为生产成果与生产消耗之间一系列对应的比值常数，用公式表示：

$$T_z = \frac{Z_{1,2,3,\cdots,n}}{H_{o\,1,2,3,\cdots,m}} \tag{1-1}$$

式中 T_z——产量定额；

H_o——单位劳动消耗量（例如，每一工日、每一机械台班等）；

Z——与单位劳动消耗相对应的产量。

或

$$T_h = \frac{H_{1,2,3,\cdots,n}}{Z_{o\,1,2,3,\cdots,m}} \tag{1-2}$$

式中　T_h——时间定额；

　　　　Z_o——单位产品数量（例如，每 $1m^3$ 混凝土、每 $1m^2$ 抹灰、每 $1t$ 钢筋等）；

　　　　H——与单位产品相对应的劳动消耗量。

产量定额与时间定额是定额的两种表现形式，在数值上互为倒数，即：

$$T_z = \frac{1}{T_h} \quad 或 \quad T_h = \frac{1}{T_z}$$

即　　　　　　　　　　　　　　$T_z \times T_h = 1$　　　　　　　　　　　　　　(1-3)

上式表明生产单位产品所需的消耗越少，则单位消耗获得的生产成果越大；反之亦然。它反映了经济效果的提高或降低。

工程建设定额是指在正常的施工条件下和合理的劳动组织、合理使用材料及机械的条件下，完成单位合格建设产品所必需的人工、材料、机械台班的数量标准。它反映了在一定的社会生产力水平条件下的建设产品生产与生产消费的数量关系。

在工程建设定额中，产品是一个广义的概念，它可以指工程建设的最终产品——建设项目（例如，一所学校、一座医院、一座工厂、一个住宅小区等），也可以是独立发挥功能和作用的某些完整产品——工程项目（例如，一所学校的教学大楼、学生宿舍、食堂等），也可以是完整产品中能单独组织施工的部分——单位工程（例如，教学大楼的土建工程、卫生技术工程、电气照明工程），还可以是单位工程中的基本组成部分——分部工程或分项工程（例如，土建工程中土石方工程、打桩工程、基础与垫层工程、砌筑工程、混凝土与钢筋混凝土工程、屋面工程等分部工程，混凝土与钢筋混凝土工程分部工程中柱、梁、板、墙、阳台、楼梯等分项工程）。工程建设定额中产品概念的范围之所以广泛，是因为工程建设产品具有构造复杂、产品形体庞大、种类繁多、生产周期长等技术特点。

1.1.2　定额水平

定额水平是指完成单位合格产品所需的人工、材料、机械台班消耗标准的高低程度，是在一定施工组织条件和生产技术下规定的施工生产中活劳动和物化劳动的消耗水平。

定额水平的高低，反映了一定时期社会生产力水平的高低，与操作人员的技术水平、机械化程度、新材料、新工艺、新技术的发展与应用有关，与企业的管理水平和社会成员的劳动积极性有关。所谓定额水平高是指单位产量提高，活劳动和物化劳动消耗降低，反映为单位产品的造价低，反之，定额水平低是指单位产量降低，消耗提高，反映为单位产品的造价高。

我们知道，产品的价值量取决于消耗于产品中的必要劳动消耗量，定额作为单位产品经济的基础，必须反映价值规律的客观要求。它的水平根据社会必要劳动时间来确定。

所谓社会必要劳动时间是指在现有的社会正常生产条件下，在社会的平均劳动熟练程度和劳动强度下，完成单位产品所需的劳动量。社会正常生产条件是指大多数施工企业所能达到的生产条件。

1.1.3　定额的产生和发展

定额的产生和发展与管理科学的产生与发展有着密切关系。

从历史发展来说，在小商品生产条件下，由于生产规模较小、技术水平较低，生产的产品也比较单纯，生产一件产品所需投入的劳动时间和材料、机械台班方面的数量，往往只要凭生产者生产经验就可估计出来了。这种经验他（她）们经常通过先辈或从师学艺或从书本记载中得到，而且可以世世代代传授下去。

18 世纪末 19 世纪初的工业革命推动了现代工业的形成和发展，也促进了工业生产管理理论的产生和发展。定额的产生就是与管理科学的形成和发展紧密地联系在一起的。它的代表人物有美国人泰勒和吉尔布雷斯等，而定额和企业管理成为科学应该说是从泰勒开始的，因而，泰勒在西方赢得"管理之父"的尊称。泰勒制的创始人是 19 世纪初的美国工程师泰勒（1856～1915 年），当时美国资本主义已处于上升时期，工业发展得很快，机器设备虽然很先进，但由于采用传统的旧管理方法，工人劳动强度大，生产效率低，生产能力得不到充分发挥，这不仅严重阻碍了社会经济的进一步发展和繁荣，而且不利于资本家赚取更多的利润。在这种背景下，泰勒开始了企业管理的研究，他进行了多种试验，努力地把当时科学技术的最新成果应用于企业管理，他的目标就是提高劳动生产率、提高工人的劳动效率。他通过科学试验，对工作时间、操作方法、工作时间的组成部分等进行细致的研究，制定出最节约工作时间的标准操作方法。同时，在此基础上，要求工人取消那些不必要的操作程序，制定出水平较高的工时定额，用工时定额来评价工人工作的好坏。如果工人能完成或超额完成工时定额，就能得到远高于基础工资的工资报酬；如果工人达不到工时定额的标准，就只能拿到较低的工资报酬。这样工人势必要努力按标准程序去工作，争取达到或超过标准规定的时间，从而取得更多的工资报酬。在制定出较先进的工时定额的同时，泰勒还对工具设备、材料和作业环境进行了研究，并努力使其达到标准化。

泰勒制的核心可归纳为两个方面，即：第一，实行标准的操作方法，制定出科学的工时定额；第二，完善严格的管理制度，实行有差别的计件工资。泰勒制的产生和推行，在提高生产率方面取得了显著的效果，给资本主义企业管理带来了根本性的变革，同时也为当时资本主义企业带来了巨额利润。

继泰勒制以后，资本主义企业管理又有了新的发展，一方面，管理科学在操作方法、作业水平的科学组织的研究上有了新的扩展；另一方面，也利用现有自然科学和材料科学的新成果作为科学技术手段进行科学管理。20 世纪 20 年代出现了行为科学，从社会学和心理学的角度，对工人在生产中的行为以及这些行为产生的原因进行研究，强调重视社会环境、人际关系对人的行为影响，着重研究人的本性和需要、行为和动机。行为科学采用诱导的方法，鼓励工人发挥主观能动性和创造性，来达到提高生产效率的目的。它较好地弥补了泰勒等人开创的科学管理的某些不足，更进一步丰富和完善了科学管理。20 世纪 70 年代出现的系统管理理论，把管理科学与行为科学有机结合起来，从事物整体出发，系统地对劳动者、材料、机器设备、环境、人际关系等对工时产生影响的重要因素进行定性和定量相结合的分析与研究，从而选定适合本企业实际的最优方案，以此产生最佳效果，取得最好的经济效益。所以定额伴随管理科学的产生而产生，伴随管理科学的发展而发展。定额是企业管理科学化的产物，也是科学管理企业的基础和必要条件。

在我国古代工程建设中，已十分重视工料消耗计算。早在北宋时期，土木建筑家李诫编修的《营造法式》（公元 1103 年），就可看作是古代的工料定额。它既是土木建筑工程技术的巨著，也是工料计算方面的巨著。清朝工部《工程做法则例》中，也有许多内容是说明工料计算方法的，可以说它是主要的一部算工算料的著作。

中华人民共和国成立以来，我国工程建设定额经历了开始建立和日趋完善的发展过程。最初是吸收劳动定额工作经验并结合我国建筑工程施工实际情况，编制了适合我国国情并切实可行的定额。1951 年制定了东北地区统一劳动定额，1955 年劳动部和建筑工程部联合编制了全国统一的劳动定额，1956 年在此基础上颁发了全国统一施工定额。自此之后，我国工程建设定额经历了一个由分散到集中，由集中到分散，又由分散到集中的统一领导与分级管理相结合的发展过程。

十一届三中全会以后，我国工程建设定额管理得到了更进一步的发展。1981 年国家建委颁发了《建筑工程预算定额》（修改稿），1986 年国家计委颁发了《全国统一安装工程预算定额》，1988 年建设部颁发了《仿古建筑及园林工程预算定额》，1992 年建设部颁发了《建筑装饰工程预算定额》，1995 年建设部颁发了《全国统一建筑工程基础定额》（土建部分），之后，又逐步颁发了《全国统一市政工程预算定额》和《全国统一安装工程预算定额》以及《全国统一建筑装饰装修工程消耗量定额》GYD—901—2002。各省、自治区、直辖市也在此基础上编制了新的地区建筑工程预算定额。为更好地与国际接轨，建设部在 2003 年颁发了国家标准《建设工程工程量清单计价规范》GB 50500—2003，2009 年人力资源和社会保障部与住房和城乡建设部联合颁发了国家劳动和劳动安全行业标准《建设工程劳动定额》LD/T 72.1～11—2008，2013 年住房和城乡建设部颁发国家标准《建设工程工程量清单计价规范》GB 50500—2013，2015 年住房和城乡建设部又颁布了《房屋建筑与装饰工程消耗量定额》TY 01—31—2015，使我国的工程建设定额体系更加完善。

1.1.4 定额在现代经济生活中的地位

广义上，定额是一个规定的额度，是人们根据需要，对某一事物规定的数量标准。例如，分配领域的工资标准，生产和流通领域的原材料半成品、成品的消耗定额，技术方面的设计标准和规范，政治生活中的候选人名额、代表名额等。

在现实经济生活和社会生活中，定额确实无处不在，因为人们需要利用它对社会经济生活复杂多样的事物进行计划、调节、组织、预测、控制、咨询等一系列管理活动。定额是科学管理的基础，也是现代管理科学中的重要内容和基本环节。正确认识定额在现代管理中的地位有利于我们吸收和借鉴各种先进管理方法，不断提高我们的科学管理水平，解决现代化建设中的各种复杂问题。

1. 为生产服务

定额是节约社会劳动、提高劳动生产率的重要手段。定额水平直接反映劳动生产率水平，反映劳动和物质消耗水平。劳动生产率的提高实质上就是缩短生产单位产品所需劳动时间，即用较少的劳动消耗生产更多的合格产品。定额为参加产品生产的各方明确应达到的工作目标与评价尺度，有利于调动劳动者的积极性。同时，它也是实行生产管理和经济核算的基础。

2. 为分配服务

定额是实现分配、兼顾效率与社会公平方面的基础，没有定额作为评价标准，就不可能进行合理的分配。

3. 为宏观调控服务

我国社会主义经济是建立在公有制基础上的，它既要充分发展市场经济又要有计划的指导和调节。这就需要利用一系列定额，以便为预测、计划、调节和控制经济发展提出有技术依据的分析，提供可靠计量的标准。

4. 为产品组价服务

价值是价格的基础，而价值量取决于必须消耗的社会劳动量，定额是劳动消耗的标准，没有定额就不可能制定合理的价格。

5. 为评价经济效果服务

定额是分析评价经济效果的杠杆，没有定额，就会缺少同一标准下衡量经济效果的尺度，就不可能得到科学客观的经济效果评价。

从性质上讲，定额是社会生产管理的产物，具有技术和社会双重属性。在技术方面，定额反映为生产成果和生产消耗的客观规律和科学的管理方法。在社会方面，定额是一定生产关系的体现和反映，并具有法规性。

目前，管理科学已发展到相当的高度，但在经济管理领域仍然离不开定额，因为现代化管理不能没有科学的定量数据作为基础。当然，定额的管理体制和表现形式也须随时代的发展作出相应的变革。目前，我国建筑业为适应社会主义市场经济改革的需要，定额的强制性成分逐步弱化，而指导性将逐渐加强。

1.1.5 工程建设定额在我国社会主义市场经济条件下的作用

工程建设定额是固定资产再生产过程中的生产消耗定额，反映在工程建设中消耗在单位产品上的人工、材料、机械台班的规定额度。这种量的规定，反映了在一定社会生产力发展水平和正常生产条件下，完成建设工程中某项产品与各种生产消费之间的特定的数量关系。

改革开放以来，我们党带领全国各族人民推进经济体制以及其他各方面改革，实现了从高度集中的计划经济体制到充满活力的社会主义市场经济体制的伟大历史转折，极大促进了社会生产力发展，创造了世所罕见的经济快速发展奇迹。党的十九大报告强调了坚持社会主义市场经济改革方向、加快完善社会主义市场经济体制，指出经济体制改革必须以完善产权制度和要素市场化配置为重点，实现产权有效激励、要素自由流动、价格反应灵活、竞争公平有序、企业优胜劣汰。

具体到工程建设定额编制而言，以科学的方法制定基于社会平均消耗量水平的预算定额或基准消耗量标准，各组成要素价格可以随市场波动而实时调整的综合价格体系，是工程建设领域计价模式改革的重要内容之一，也是实现党的二十大提出的"深化要素市场化改革，建设高标准市场体系"重要论述的一种具体实践。

定额是企业管理科学化的产物，也是科学管理企业的基础和必备条件，在企业的现代化管理中一直占有着十分重要的地位。无论是在研究工作还是在实际工作中，都应重视工作时间和操作方法的研究，重视定额制度。

定额既不是"计划经济的产物"，也不是我国的特产和专利，定额与市场经济的共融性是与生俱来的。我们可以这样说，工程建设定额在不同社会制度的国家都需要，都将永远存在，并将在社会和经济发展中，不断地发展和完善，使之更适应生产力发展的需要，进一步推动社会和经济进步。定额管理的双重性决定了它在市场经济中具有重要的地位和作用。为提高建设工程定额科学性，规范定额的编制和日常管理，住房和城乡建设部在 2015 年根据有关法律法规制定了《建设工程定额管理办法》（建标〔2015〕230 号），办法指出，定额是指在正常施工条件下完成规定计量单位的合格建筑安装工程所消耗的人工、材料、施工机具台班、工期天数及相关费率等的数量基准，是国有资金投资工程编制投资估算、设计概算和最高投标限价的依据。该管理办法对定额的体系与计划、制定与修订、发布与日常管理都作了明确规定。

1. 定额对提高劳动生产率起保证作用

我国处于社会主义初级阶段,初级阶段的根本任务是发展社会生产力。而发展社会生产力的任务就是要提高劳动生产率。

在工程建设中,定额通过对工时消耗的研究、机械设备的选择、劳动组织的优化、材料合理节约使用等方面的分析和研究,使各生产要素得到最合理的配合,最大限度地节约劳动力和减少材料的消耗,不断地挖掘潜力,从而提高劳动生产率和降低成本。通过工程建设定额的使用,把提高劳动生产率的任务落实到各项工作和每个劳动者,使每个工人都能明确各自目标、加快工作进度、更合理有效地利用和节约社会劳动。

2. 定额是国家对工程建设进行宏观调控和管理的手段

市场经济并不排斥宏观调控,利用定额对工程建设进行宏观调控和管理主要表现在以下三个方面:

第一,对工程造价进行宏观管理和调控。

第二,对资源进行合理配置。

第三,对经济结构进行合理的调控,包括对企业结构、技术结构和产品结构进行合理调控。

3. 定额有利于市场公平竞争

在市场经济规律作用下的商品交易中,特别强调等价交换的原则。所谓等价交换,就是要求商品按价值量进行交换,建筑产品的价值量是由社会必要劳动时间决定的,而定额消耗量标准是建筑产品形成市场公平竞争、等价交换的基础。

4. 定额有利于规范市场行为

建筑产品的生产过程是以消耗大量的生产资料和生活资料等物质资源为基础的。由于工程建设定额制定出以资源消耗量的合理配置为基础的定额消耗量标准,这样一方面制约了建筑产品的价格,另一方面企业的投标报价中必须要充分考虑定额的要求。可见定额在上述两方面规范了市场主体的经济行为,所以定额对完善我国建筑招标投标市场起到了十分重要的作用。

5. 定额有利于完善市场的信息系统

信息是建筑市场体系中不可缺少的要素,信息的可靠性、完备性和灵敏性是市场成熟和市场效率的标志。在建筑产品交易过程中,定额能为市场需求主体和供给主体提供较准确的信息,并能反映出不同时期生产力水平与市场实际的适应程度。所以说,由定额形成建立与完善建筑市场信息系统,是我国社会主义市场经济体制的一大特色。

1.2　工程建设定额的分类和特点

1.2.1　工程建设定额的分类

工程建设定额是根据国家一定时期的管理体制和管理制度,根据不同定额的用途和适用范围,由指定机构按照一定程序和规则来制定的。工程建设定额反映了工程建设产品和各种资源消耗之间的客观规律。工程建设定额是一个综合概念,它是多种类、多层次单位产品生产消耗数量标准的总和。为了对工程建设定额能有一个全面的了解,可以按照不同原则和方法对它进行科学分类。

1. 按照定额构成的生产要素分类

生产要素包括劳动者、劳动手段和劳动对象，反映其消耗的定额就分为人工消耗定额、材料消耗定额和机械台班消耗定额三种，如图1-1所示。

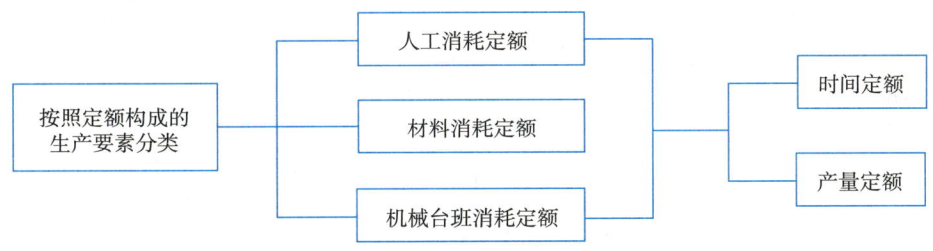

图1-1 按照定额构成的生产要素分类

（1）人工消耗定额

人工消耗定额简称为劳动定额。在施工定额、预算定额、概算定额等各类定额中，人工消耗定额都是其中重要的组成部分。人工消耗定额是完成一定的合格产品规定活劳动消耗的数量标准。为了便于综合和核算，劳动定额大多采用工作时间消耗量来计算劳动消耗的数量，所以劳动定额主要的表现形式是时间定额。但为了便于组织施工和任务分配，也同时采用产量定额的形式来表示劳动定额。

（2）材料消耗定额

材料消耗定额简称材料定额。材料消耗定额是指完成一定合格产品所需消耗的原材料、半成品、成品、构配件、燃料以及水电等的数量标准。材料作为劳动对象是构成工程的实体物资，需用数量较大，种类较多，所以材料消耗定额亦是各类定额的重要组成部分。

（3）机械台班消耗定额

机械台班消耗定额简称机械定额。它和人工消耗定额一样，在施工定额、预算定额、概算定额等多种定额中，都是其组成部分。机械台班消耗定额是指为完成一定合格产品所规定的施工机械消耗的数量标准。机械台班消耗定额的表现形式有机械时间定额和机械产量定额。

2. 按照定额的编制程序和用途分类

根据定额的编制程序和用途把工程建设定额分为施工定额、预算定额、概算定额、概算指标和投资估算指标五种，如图1-2所示。

（1）施工定额

它是以同一性质的施工过程（工序）为编制对象，规定某种建筑产品的劳动消耗量、材料消耗量和机械台班消耗量。施工定额是施工企业组织生产和加强管理的企业内部使用的一种定额，属于企业生产定额性质。施工定额的项目划分很细，是工程建设定额中分项最细、定额子目最多的一种定额，是工程建设定额中的最基础定额，也是编制预算定额的基础。

（2）预算定额

它是以各分项工程或结构构件为编制对象，规定某种建筑产品的劳动消耗量、材料消耗量和机械台班消耗量。一般在定额中列有相应地区的单价，是计价性的定额。预算定额在工程建设中占有十分重要的地位，从编制程序看施工定额是预算定额的编制基础，而预算定额则是概算定额、概算指标或投资估算指标的编制基础，可以说预算定额在计价定额中是基础性定额。

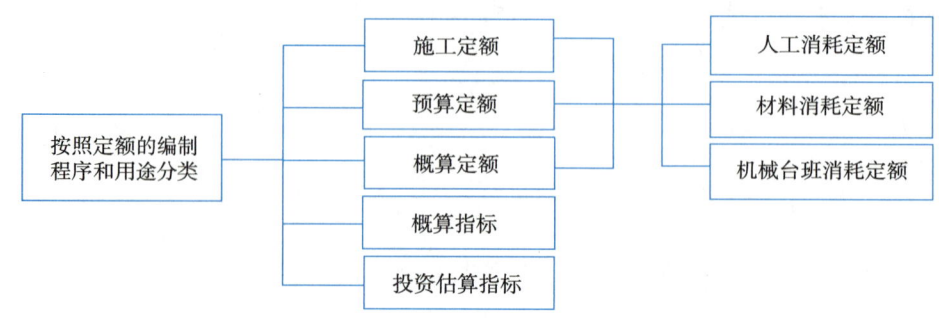

图 1-2　按照定额的编制程序和用途分类

（3）概算定额

它是以扩大分项工程或扩大结构构件为编制对象，规定某种建筑产品的劳动消耗量、材料消耗量和机械台班消耗量，并列有工程费用，也属于计价性定额。它的项目划分的粗细，与扩大初步设计的深度相适应。它是预算定额的综合和扩大，概算定额是控制项目投资的重要依据。

（4）概算指标

它是以整个房屋或构筑物为编制对象，规定每 $100m^2$ 建筑面积（或每座构筑物体积）为计量单位所需要的人工、材料、机械台班消耗量的标准。它比概算定额更进一步综合扩大，更具有综合性。

（5）投资估算指标

它是以独立单项工程或完整的工程项目为计算对象，在项目投资需要量时使用的定额。它的综合性与概括性极强，其综合概略程度与可行性研究阶段相适应。投资估算指标是以预算定额、概算定额、概算指标为基础编制的。

3. 按照定额的编制单位和执行范围分类

工程建设定额可分为全国统一定额、行业统一定额、地区统一定额、企业定额和补充定额五种，如图 1-3 所示。

（1）全国统一定额

它是由国家建设行政主管部门综合我国工程建设中技术和施工组织技术条件的情况编制的，在全国范围内执行的定额。例如，全国统一的劳动定额、全国统一的市政工程定额、全国统一的安装工程定额、全国统一的建筑工程基础定额、全国统一的建筑装饰装修工程消耗量定额等。

（2）行业统一定额

它是由各行业行政主管部门充分考虑本行业专业技术特点、施工生产和管理水平而编制的，一般只在本行业和相同专业性质的范围内使用的定额。这种定额往往是为专业性较强的工业建筑安装工程制定的。例如，铁路建设工程定额、水利建筑工程定额、矿井建设工程定额等。

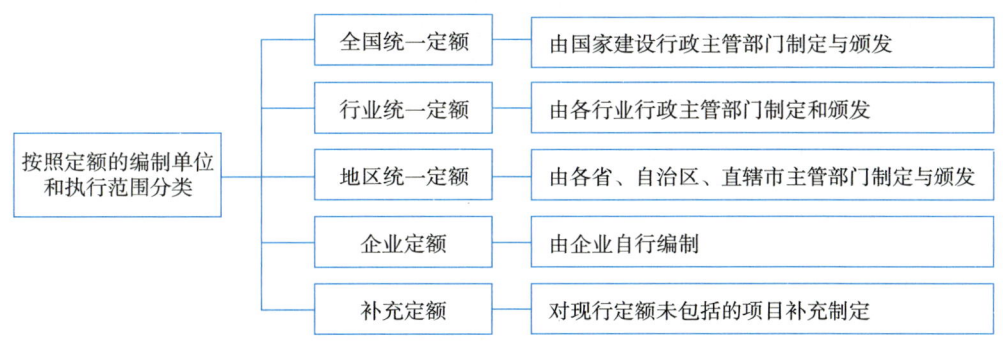

图 1-3　按照定额的编制单位和执行范围分类

（3）地区统一定额

它是由各省、自治区、直辖市在考虑地区特点和统一定额水平的条件下编制的，只在规定的地区范围内使用的定额。例如，一般地区适用的建筑工程预算定额、概算定额、园林定额等。

（4）企业定额

它是由施工企业根据本企业具体情况，参照国家、部门和地区定额编制方法制定的定额。企业定额只在本企业内部执行，是衡量企业生产力水平的一个标志。企业定额水平一般应高于国家现行定额，才能满足生产技术发展、企业管理和市场竞争的需要。

（5）补充定额

它是指随着设计、施工技术的发展，在现行定额不能满足需要的情况下，为补充现行定额中漏项或缺项而制定的。补充定额是只能在指定的范围内使用的指标。

4. 按照定额的专业分类

按照专业分类，工程建设定额可分为建筑工程定额、安装工程定额、仿古建筑及园林工程定额、装饰工程定额、公路工程定额、铁路工程定额、井巷工程定额、水利工程定额等，如图 1-4 所示。

5. 按照定额的投资费用分类

按照投资费用分类，工程建设定额可分为直接工程费定额、措施费定额、间接费定额、利润和税金定额、设备及工器具定额、工程建设其他费用定额，如图 1-5 所示。

1.2.2　工程建设定额的特点

1. 定额的科学性

工程建设定额的制定是在当时的实际生产力水平条件下，经过大量的测定，在综合、分析、统计、广泛搜集资料的基础上，根据客观规律的要求，用科学的方法确定的各项消耗标准。它能正确反映当前工程建设生产力水平。

定额的科学性，首先表现在用科学的态度制定定额，尊重客观实际，定额水平合理；其次表现在制定定额的技术方法上，利用现代科学管理的成就，形成一套系统的、完整的、在实践中行之有效的方法；最后表现在定额制定和贯彻一体化。制定是为了提供贯彻的依据，贯彻是为了实现管理的目标，也是对定额的信息反馈。

2. 定额的系统性

工程建设定额是由各种内容结合而成的有机整体，有鲜明的层次和明确的目标。建设定额的系统性是由工程建设的特点决定的。工程建设本身的多种类、多层次就决定了它的服务工程建设定额的多种类、多层次。

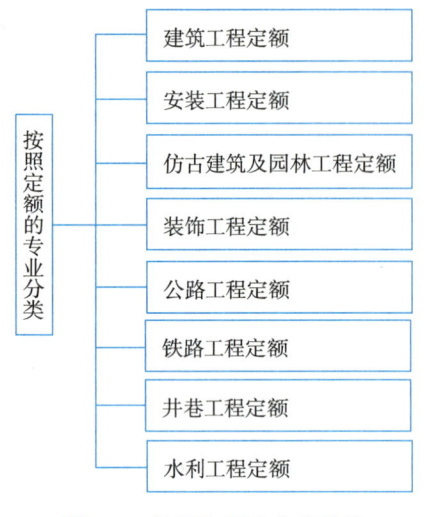

图 1-4　按照定额的专业分类

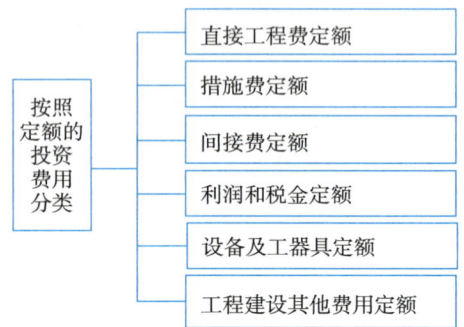

图 1-5　按照定额的投资费用分类

3. 定额的统一性

工程建设定额的统一性，主要是由国家对经济发展的有计划的宏观调控职能决定的。工程建设定额的统一性按照其影响力和执行范围来看，有全国统一定额、行业统一定额、地区统一定额等；按照定额的制定、颁布和贯彻使用来看，有统一的程序、统一的原则、统一的要求和统一的用途。

4. 定额的指导性

工程建设定额是由国家或其授权机关组织编制和颁发的一种综合消耗指标，它是根据客观规律的要求，用科学的方法编制而成的，因此在企业定额尚未普及的今天，工程造价的确定和控制仍是十分重要的指导性依据。另一方面，企业编制企业定额时，它也是重要的参考依据，同时政府投资工程的造价确定与控制仍离不开定额。

应当指出，在社会主义市场经济不断深化的今天，对定额的权威性标准应逐步弱化，因为定额毕竟是主观对客观的反映，定额的科学性会受到人们的知识的局限，随着多元化投资格局的逐渐形成，业主可自主地调整自己的决策行为，定额的指导性会逐渐加强。

5. 定额的相对稳定性和时效性

工程建设定额中的任何一种都是一定时期技术发展和管理水平的反映，因而在一段时间内都表现出稳定的状态。稳定的时间有长有短，一般在 5～10 年。社会生产力的发展有一个由量变到质变的变动周期，当生产力向前发展了，原有定额已不能适应生产需要时，就要根据新的情况对定额进行修订、补充或重新编制。

随着我国社会主义市场经济不断深化，定额的某些特点也会随着建筑体制的改革发展而变化，如强制性成分会逐步减少，指导性、参考性会更加突出。

思　考　题

1. 什么是定额？什么是工程建设定额？

2. 什么是定额水平？定额水平高低意味着什么？

3. 泰勒制的核心是什么？

4. 定额在经济生活中的地位是什么？

5. 工程建设定额在我国社会主义市场经济条件下的作用是什么？

6. 一个成熟而有效率的市场最明显的标志是什么？

7. 为什么说定额是市场经济的产物，它随着市场经济的发展而发展？

8. 定额的特性是什么？

9. 工程建设定额是按什么进行分类的？各分为哪几类？

10. 定额中最基础性的定额是什么？哪些定额属于计价性定额？计价性定额中最基础性的定额是什么？

自　测　题

一、单项选择题

1. 定额权威性的客观基础是定额的（　　　）。

A　科学性　　　　　　　　　　　B　统一性

C　系统性　　　　　　　　　　　D　稳定性

2. 施工定额属于（　　　）性质。

A　计价性定额　　　　　　　　　B　生产性定额

C　通用性定额　　　　　　　　　D　计划性定额

3. 所有定额中最基础的定额是（　　　）。

A　施工定额　　　　　　　　　　B　预算定额

C　概算定额　　　　　　　　　　D　概算指标

4. 工程建设定额是同多种类、多层次定额结合而成的有机整体，其结构复杂、层次鲜明、目标明确。这体现工程建设定额的（　　　）特点。

A　统一性　　　　　　　　　　　B　科学性

C　稳定性　　　　　　　　　　　D　系统性

5. 以下说法中错误的是（　　　）。

A　定额与市场经济的共融性是与生俱来的

B　定额有利于建筑市场公平竞争

C　定额是对市场行为的规范

D　定额是市场计划的产物，随着市场经济的建立，定额将逐渐走向消亡

6. 概算定额是在（　　　）的基础上编制的。

A　预算定额　　　　　　　　　　B　劳动定额

C　施工定额　　　　　　　　　　D　概算指标

7. 在下列各种定额中，不属于工程造价计价定额的是（　　　）。

A　预算定额　　　　　　　　　　B　施工定额

C　概算定额　　　　　　　　　　D　费用定额

8. 下列哪些不属于定额的作用（　　　）。

A　编制计划　　　　　　　　　　B　确定产品成本

C　总结先进生产方法　　　　　　D　确定施工方法

9. 定额不是一成不变的，而是随着（　　　）的变化而变化。

A　体制改革　　　　　　　　　　B　不同阶段

C　生产关系　　　　　　　　　　D　生产力水平

10. 以下内容非泰勒制核心的是（　　　）。

A　制定科学的工时定额 B　应用科学技术的最新成果

C　实行标准的操作方法 D　实行有差别的计算工资制

二、多项选择题

1. 按照定额的编制程序和用途分类，工程建设定额有（　　　）。

A　施工定额 B　劳动定额

C　预算定额和概算定额 D　概算指标和投资估算指标

E　补充定额

2. 按照定额的编制单位和执行范围分类，工程建设定额可分为（　　　）。

A　通用定额 B　全国统一定额

C　地区统一定额 D　行业统一定额

E　专业专用定额

3. 按照定额构成的生产要素分类，可以把定额分为（　　　）。

A　建筑工程定额 B　设备安装工程定额

C　劳动消耗定额 D　机械消耗定额

E　材料消耗定额

4. 定额的特征有（　　　）。

A　结合性 B　真实性和科学性

C　相对稳定和时效性 D　权威性

E　系统性和统一性

5. 工程建设定额是指在工作建设中单位产品上（　　　）消耗的规定额度。

A　人工 B　材料

C　机械台班 D　资金

E　费用

6. 一个成熟而有效率的市场的标志是信息的（　　　）。

A　先进性 B　可靠性

C　完备性 D　灵敏性

E　科学性

2　人工、材料、机械台班消耗定额的确定

2.1　建筑工程作业研究

施工过程及其分类

2.1.1　施工过程的含义

　　施工过程是指在建筑工地范围内所进行的生产过程。其最终目的是建造、恢复、改建、移动或拆除工业、民用建筑物或构筑物的全部或一部分。

　　建筑安装施工过程由劳动者、劳动对象、劳动工具三大要素组成。也就是说施工过程完成必须具备以下三个条件：

　　（1）施工过程是由不同工种、不同技术等级的建筑安装工人完成的；

　　（2）必须有一定的劳动对象——建筑材料、半成品、成品、构配件；

　　（3）必须有一定的劳动工具——手动工具、小型机具和机械等。

2.1.2　施工过程的分类

　　研究施工过程，首先是对施工过程进行分类。对于施工过程进行分类，目的是通过对施工过程的组成部分进行分解，并按不同的完成方法、劳动分工、组织复杂程度来区别和认识施工过程的性质和包含的全部内容。

　　1. 按施工过程完成方法分类（图2-1）。

　　2. 按施工过程劳动分工的特点分类（图2-2）。

　　3. 按施工过程组织的复杂程度分类（图2-3）。

　　（1）工序。工序是指组织上不可分割的，在操作过程中技术上属于同类的施工过程。工序的主要特征为：工人班组、工作地点、施工工具和材料均不发生变化。如果上述因素中有一个因素发生变化，就意味着从一个工序转入另一个工序。从施工的技术操作和组织观点看，工序是工艺方面最简单的施工过程。但是，如果从劳动过程的观点来看，工序又可以分解为操作和动作。施工操作是一个施工动作接一个施工动作的结合；施工动作是施工工序中最小的可以测算的部分。

　　例如，钢筋工程这一施工过程可分为钢筋调直、钢筋切断、钢筋弯曲、钢筋绑扎等工

序,而其中钢筋切断这一个"工序",可以分解为以下"操作":①到钢筋堆放处取钢筋;②把钢筋放到作业台上;③操作钢筋切断机;④取下剪切好的钢筋;⑤送至指定的堆放地点。

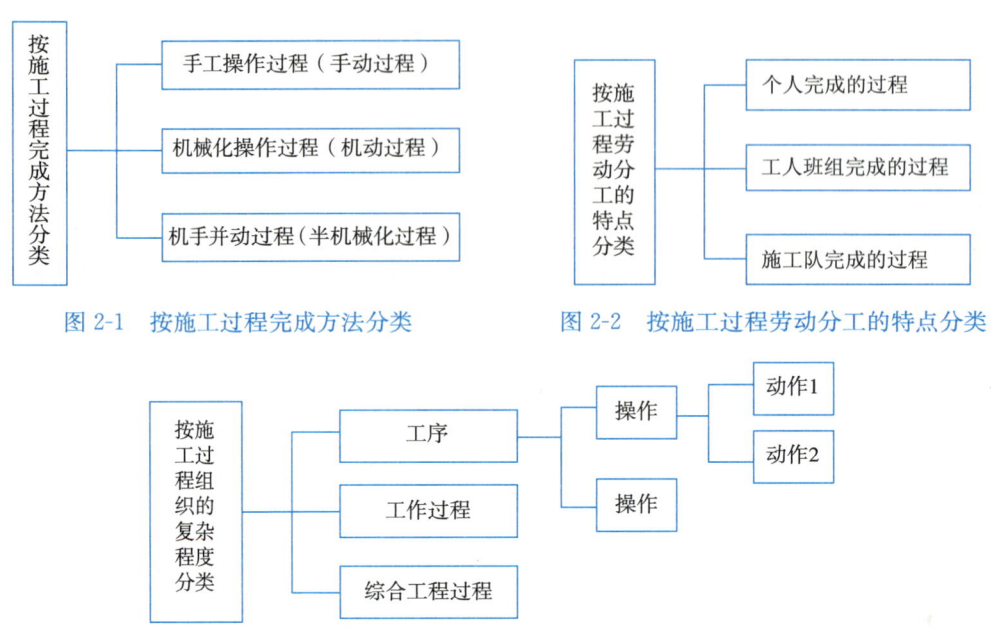

图 2-1　按施工过程完成方法分类　　　图 2-2　按施工过程劳动分工的特点分类

图 2-3　按施工过程组织的复杂程度分类

其中"到钢筋堆放处取钢筋"这个"操作"可分解成以下"动作":①走到钢筋堆放处;②弯腰;③抓取钢筋;④直腰;⑤回到作业台。具体过程如图 2-4 所示。

多孔砖墙砌筑

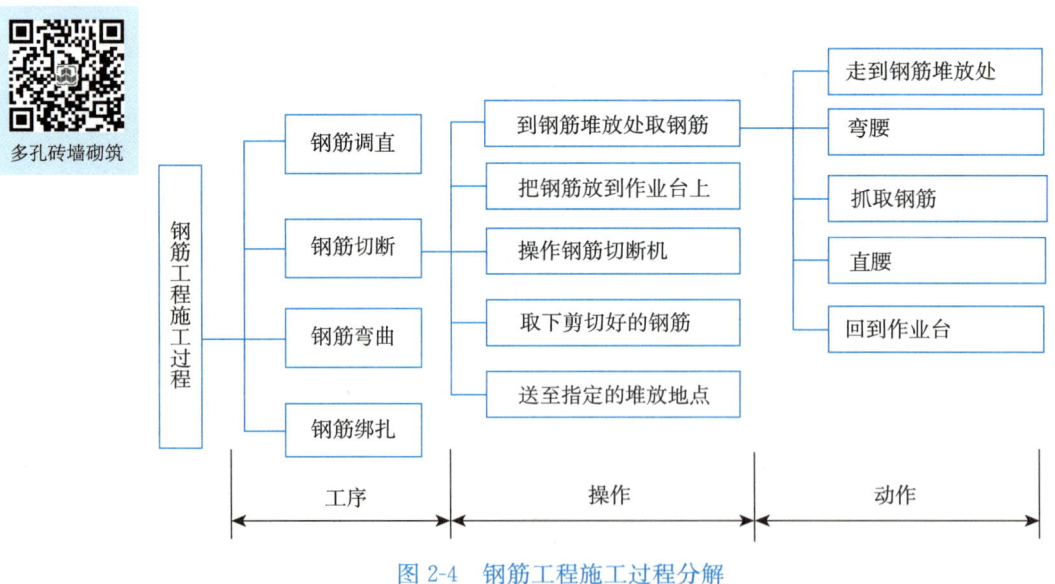

图 2-4　钢筋工程施工过程分解

工序可以由一个人完成,也可以由班组或施工队的几名工人协作完成;可以由手动完成,也可以由机械完成。在机械化的施工工序中,又可以包括由人工自己完成的各项操作和由机器完成的工作两部分。在用计时观察法来制定劳动定额时,工序是主要的研究对象。

（2）工作过程。工作过程是由同一工人或同一工人班组所完成的技术操作上相互有机联系的工序综合体。其特点是人员不变、工作地点不变，而材料和工具可以变换。如砌墙工作过程由调制砂浆、运输砂浆、运砖、砌墙等工作过程组成。

（3）综合工作过程。综合工作过程是指由几个在工艺上、操作上直接相关，最终为共同完成同一产品而同时进行的几个工作过程的综合。例如，混凝土结构构件的综合施工过程，由浇捣工程、钢筋工程、混凝土工程等工作过程组成。

4. 按施工过程是否循环分类（图2-5）。

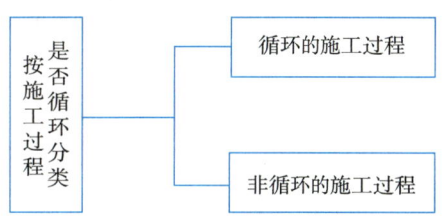

图2-5　按施工过程是否循环分类

2.1.3　影响施工过程的主要因素

施工过程中各个工序工时的消耗数值，即使在同一工地、同一工作环境条件下，也常常会由于施工组织、劳动组织、施工方法和工人劳动素质、情绪、技术水平的不同而有很大的差别。对单位建筑产品工时消耗产生影响的各种因素，称为施工过程的影响因素。

根据施工过程影响因素的产生和特点，施工过程的影响因素可分为技术因素、组织因素和自然因素三类。

1. 技术因素，包括以下几类：

（1）产品的类别和质量要求；

（2）所用材料、半成品、构配件的类别、规格、性能；

（3）所用工具和机械设备的类别、型号、性能及完好情况。

例如，砖墙施工过程的技术因素包括墙的厚度，门窗面积，墙面艺术形式，砖的种类、规格、质量，砌墙的种类，使用工具等。

2. 组织因素，包括以下几类：

（1）施工组织与施工方法；

（2）劳动组织和分工；

（3）工人技术水平、操作方法和劳动态度；

（4）工资分配形式；

（5）原材料和构配件的质量与供应组织。

3. 自然因素，包括气候条件、地质情况、人为障碍等。

2.1.4　工人工作时间的分类

所谓工作时间，就是指工作班的延续时间。国家现行制度规定为8h工作制，即日工作时间为8h。

研究施工过程中的工作时间及其特点，并对工作时间的消耗进行科学的分类，是制定劳动定额的基本内容之一。

工人在工作班内从事施工过程中的时间消耗有些是必需的，有些则是损失掉的。

按其消耗的性质可以分为两大类：必须消耗的时间（定额时间）和损失时间（非定额时间），如图2-6所示。

1. 必须消耗的时间（定额时间）

必须消耗的时间是指工人在正常的施工条件下，完成某一建筑产品（或工作任务）必须消耗的工作时间，用 T 表示。由有效工作时间、不可避免的中断时间和休息时间三部

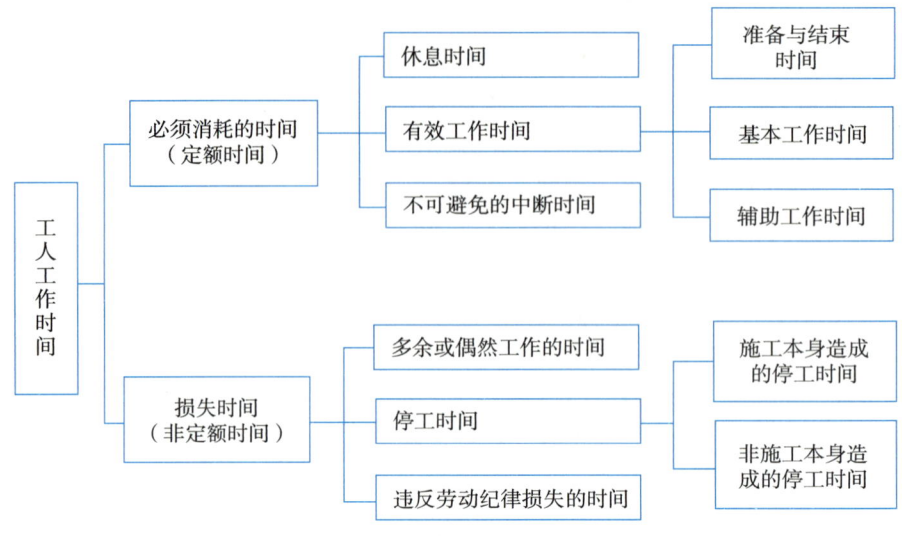

图 2-6　工人工作时间构成图

工作时间研究的概念

分组成。

(1) 有效工作时间，是指从生产效果来看，与产品生产直接有关的时间消耗，包括基本工作时间、辅助工作时间、准备与结束时间。

1) 基本工作时间，是指工人直接完成一定产品的施工工艺过程所必须消耗的时间。通过基本工作，使劳动对象直接发生变化：可以使材料改变外形，如钢筋弯曲加工；可以改变材料的结构与性质，如混凝土制品可以使预制构件安装组合成型；可以改变产品的外部及表面的性质，如粉刷、油漆等。基本工作时间的长短与工作量的大小成正比。

2) 辅助工作时间，是指与施工过程的技术操作没有直接关系的工序，为了保证基本工作的顺利进行而做的辅助性工作所消耗的时间。辅助性工作不直接导致产品的形态、性质、结构或位置发生变化。例如，机械上油、小修，转移工作地等均属辅助性工作。

3) 准备与结束时间，是指执行任务前或任务完成后所消耗的时间。一般分班内准备与结束时间和任务内准备与结束时间两种。班内准备与结束时间包括如工人每天从工地仓库取工具、设备，工作地点布置，机器开动前的观察和试车的时间，交接班时间等。任务内准备与结束时间包括接受施工任务书、研究施工图纸、接受技术交底、验收交工等工作所消耗的时间。

班内准备与结束时间的长短与所提供的工作量大小无关，但往往和工作内容有关。

(2) 不可避免的中断时间，是指由于施工过程中施工工艺特点引起的工作中断所消耗的时间。例如，汽车司机在等待汽车装、卸货时消耗的时间，安装工等待起重机吊预制构件的时间等。与施工过程工艺特点有关的中断时间应作为必须消耗的时间，但应尽量缩短此项时间消耗。与施工工艺特点无关的工作中断时间是由于施工组织不合理引起的，属于损失时间，不能作为必须消耗的时间。

(3) 休息时间，是指工人在施工过程中为保持体力所必需的短暂休息和生理需要的时间消耗。例如，施工过程中喝水、上厕所、短暂休息等。这种时间是为了保证工人精力集中地进行工作，应作为必须消耗的时间。

休息时间的长短与劳动条件、劳动强度、工作性质等有关，在劳动条件恶劣、劳动强度大等的情况下，休息时间要长一些，反之可短一些。

2. 损失时间（非定额时间）

损失时间，是指与产品生产无关，而与施工组织和技术上的缺点有关，与工人在施工过程中的个人过失或某些偶然因素有关的时间消耗，包括多余、偶然工作的时间、停工时间、违反劳动纪律损失的时间三部分。

（1）多余、偶然工作的时间

1）多余工作的时间。多余工作是指工人进行了任务以外而又不能增加产品数量的工作。例如，某项施工内容由于质量不合格进行返工。多余工作的时间损失，一般都是由于工程技术人员或工人的差错而引起的，不是必须消耗的时间，不应计入定额时间内。

2）偶然工作的时间。偶然工作是指工人在任务外进行的，但能够获得一定产品的工作。如日常架子工在搭设脚手架时需要在架子上架网；而抹灰工在抹灰前必须先补上遗留的孔洞等；钢筋工在绑扎钢筋前必须对木工遗留在板内的杂物进行清理等。从偶然工作的性质看，不应该考虑它是必须消耗的时间，但由于偶然工作能获得一定产品，拟定定额时要适当考虑它的影响。

（2）停工时间

停工时间是指工作班内停止工作造成的时间损失。停工时间按其性质可分为施工本身造成的停工时间和非施工本身造成的停工时间两种。

1）施工本身造成的停工时间，是指由于施工组织不合理、材料供应不及时、工作没有做好、劳动力安排不当等情况引起的停工时间。这类停工时间在拟定定额时不应该考虑。

2）非施工本身造成的停工时间，是指由于气候条件以及水源、电源中断引起的停工时间，这类时间在拟定定额时应给予合理的考虑。

（3）违反劳动纪律损失的时间

违反劳动纪律损失的时间是指违反劳动纪律的规定造成工作时间损失，包括工人在工作班内的迟到、早退、擅自离岗、工作时间内聊天、打扑克、办私事等造成的时间损失，也包括由于一个或几个工人违反劳动纪律而影响其他工人无法工作的时间损失。此项时间损失不应允许存在，因此在定额中是不应该考虑的。

2.2　测定时间消耗的基本方法

时间消耗测定是制定定额的一个主要步骤。测定时间消耗是用科学的方法观察、记录、整理、分析施工过程，为制定建筑工程定额提供可靠依据。测定时间消耗通常使用计时观察法。

2.2.1　计时观察法的含义与作用

计时观察法，是研究工作时间消耗的一种技术观察方法。它以研究工时消耗为对象，以观察测时为手段，通过密集抽样和粗放抽样等技术进行直接的时间研究。计时观察法用于建筑施工中，它是通过实地观察施工过程的具体活动，详细记录工人和施工机械的工时消耗，测定完成建筑产品所需时间数量和有关影响因素，再进行分析整理，测定可靠的数值，也称之为现场观察法。因此计时观察法的主要目的在于，查明工作时间消耗的性质和数量；查明和确定各种因素对工作时间消耗数量的影响；找出工时损失的原因并研究缩短工时、减少损失的可能性。

通过计时观察法测定所得的资料，不仅能为制定定额提供基础数据，而且能为改善施工组织管理、改善工艺过程和操作方法、消除不合理的工时损失和进一步挖掘生产潜力提供技术依据。同时，计时观察法也是总结和推广先进施工经验的有效方法，可促进工人生产班组不断改进生产措施，创造条件提高生产效率，取得最佳效益。

计时观察法有充分的科学依据，制定的定额比较合理先进，有广泛的用途和很多优点。但是这种方法工作量较大，技术性比较强，工作周期也较长，测定方法比较复杂，使它的应用得到一定限制。它一般用于产品量大且品种少、施工条件比较正常、施工时间长的施工过程。

2.2.2 计时观察法的步骤

利用计时观察法编制人工消耗定额（劳动定额）和机械台班定额，一般按如下步骤进行：

（1）确定计时观察的施工过程；

（2）划分施工过程的组成部分；

（3）选择正常施工条件；

（4）选定观察对象；

（5）观察测时；

（6）整理和分析观察资料；

（7）编制定额。

2.2.3 测时观察前的准备工作

（1）明确测定的目的，正确选择测定对象。我们进行技术测定时，就应首先明确测定的目的，根据不同的测定目的选择测定对象，才能获得所需要的技术测定资料。

（2）熟悉所测施工过程的技术资料和现行劳动定额的规定。在明确了测定目的和选择好测定对象后，测定人员即应熟悉所测施工过程的图纸、施工方案、施工准备、施工日期、产品特征、劳动组织、材料供应、操作方法；熟悉现行劳动定额的有关规定、现行建筑安装工程施工及验收规范、技术操作规程及安全操作规程等有关技术资料。

（3）划分所测施工过程的组成部分。将所要测定的施工过程，分别按工序、操作或动作划分为若干组成部分，其目的是便于准确地记录时间，进行分析研究。所测施工过程的组成部分是否划分恰当，直接影响到测定资料的效果。

（4）测定工具的准备。为了满足技术测定过程中的实际需要，应准备好记录夹、测定所需的各式表格、计时器（表）、衡器、照相机以及其他必需的用品和文具等。

2.2.4 计时观察法的主要测时方法

根据具体任务、对象和方法不同，计时观察法通常采用的主要方法有：测时法、写实记录法、工作日写实法3种，如图2-7所示。

1. 测时法

测时法是一种精确度比较高的测定方法，主要适用于研究以循环形式不断重复进行的作业。它用于观察研究施工过程循环组成部分的工作时间消耗，不研究工作休息、准备与结束及其他非循环的工作时间。

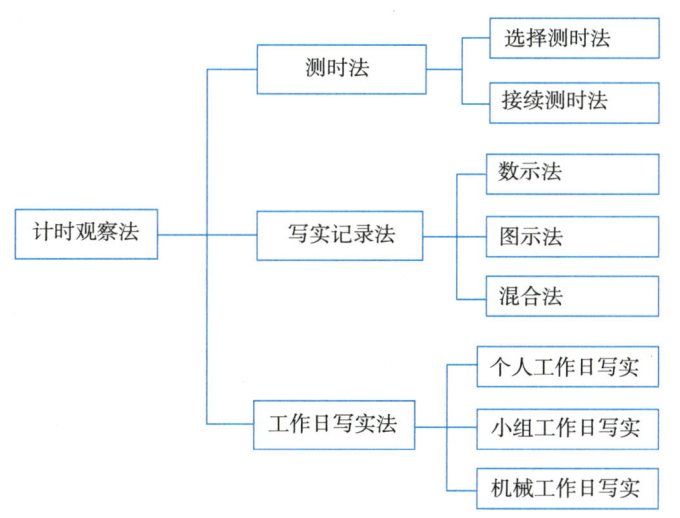

工作时间研究的方法

图 2-7　计时观察法的主要测时方法

（1）测时法测定时间的方法

根据记录时间的方法不同，分为选择测时法和接续测时法两种。

1）选择测时法。选择测时法又称间隔计时法，它是间隔选择施工过程中非紧连接的组成部分（工序或操作）测定工作时间。精确度达 0.5s。

采用选择测时法，当测定开始时，观察者立即开动秒表，当该工序或操作结束，则立即停止秒表。然后，把秒表上指示的延续时间记录到选择测时法记录表上。当下一工序或操作开始时，再开动秒表，如此依次观察，并连续记录下延续时间。

选择测时法比较容易掌握，使用比较广泛，它的缺点是测定开始和结束的时间时，容易发生读数的偏差。

表 2-1 是选择测时法记录表的表格形式。

2）接续测时法。接续测时法又称连续测时法，它是对施工过程循环的组成部分进行不间断的连续测定，不遗漏任何工序或动作的终止时间，并计算出本工序的延续时间。其计算公式为：

$$本工序的延续时间＝本工序的终止时间－紧前工序的终止时间 \qquad (2-1)$$

接续测时法比选择测时法准确、完善，因为接续测时法包括了施工过程的全部循环时间，且在各组成部分延续时间之间的误差可以互相抵销。但观察技术要求较高。它的特点是在工作进行中和非循环组成部分出现之前一直不停止秒表，秒针走动过程中，观察者根据各组成部分之间的定时点，记录它的终止时间。因此，在测定时间时应使用具有辅助秒针的计时表（即人工秒表），以便使其辅助针停止在某一组成部分的结束时间上。

表 2-2 为接续测时法记录表的表格形式。

（2）测时法的观察次数

观察次数的多少，直接影响到测时资料的准确程度。一般来说，观察的次数越多，资料的准确性越高，但要花费较多的时间和人力，这样既不经济，也不现实。表 2-3 列出的测时所必需的观察次数表，可供测定过程中检查所测次数是否满足需要。

选择测时法记录表

表 2-1

观察对象	单斗正铲挖掘机（斗容量 0.75m³）
工程名称	××商住楼
单位名称	××建工集团
日期	×年×月×日
开始时间	8 时 30 分
结束时间	9 时
观察时间精度	1s

施工过程：房屋大型基坑内挖掘（斗臂回旋角度在 120~180°）挖三类土，推土机辅助推土，5t 自卸汽车运土

序号	组成部分名称	每一次循环的时间															时间总和	循环次数	最大	最小	平均修正值	页次
		1	2	3	4	5	6	7	8	9	10	11	12	13	14	15						
1	土斗挖土装斗提升斗臂定位	16	15	16	16	15	15	17	16	17	15	16	18	17	16	15	240	15	18	15	16	
2	回转斗臂定位	14	13	12	13	12	11	12	13	12	14	14	10	13	25①	14	174	14	14	10	12.4	
3	斗臂下落卸土	6	6	6	5	6	5	7	7	5	11②	5	5	6	7	5	82	14	8	4	5.9	
4	提升土斗回转下落定位	12	12	13	11	11	12	13	12	14	11	12	14	11	13		171	15	14	11	11.4	
	合计																				45.7	

注：由于组织不到位，土质粘结需人工辅助①②数值偏大，不计入时间总和。

表 2-2

接续测时法记录表

观察对象	砂浆搅拌机	日期	×年×月×日	工程名称	××商住楼	单位名称	××建工集团	页次	3/5
观察时间精度	1s	施工过程名称	200L 灰浆搅拌机搅拌砌筑砂浆	开始时间	9时	结束时间	9时23分	延续时间	22分59秒	观察号次	3

序号	组成部分名称	时间		每一次循环的时间																		数据整理				
				1		2		3		4		5		6		7		8		9		10		时间总和	循环次数	最大	最小	平均修正值
				分	秒	分	秒	分	秒	分	秒	分	秒	分	秒	分	秒	分	秒	分	秒	分	秒					
1	装料入搅拌桶	终止时间		0	30	2	45	5	2	7	21	9	38	11	57	14	13	16	33	18	51	21	8					
		延续时间			30		25		27		27		26		28		26		27		25		28	269	10	30	25	26.9
2	搅拌	终止时间		2	90	4	91	6	92	8	90	11	91	13	93	15	94	18	92	20	90	22	91					
		延续时间			90		91		92		90		91		93		94		92		90		91	914	10	94	90	91.4
3	卸料	终止时间		2	20	4	35	6	54	9	12	11	29	13	47	16	6	18	26	20	40	22	59					
		延续时间			20		19		20		21		20		20		19		21		19		20	199	10	21	19	19.9
	合计																											138.2

测时所必需的观察次数表　　　　　　　　　　　　　　　　　　　　　　　**表 2-3**

稳定系数 K_p	算术平均值精确度 E（％）				
	5 以内	7 以内	10 以内	15 以内	20 以内
1.5	9	6	5	5	5
2	16	11	7	5	5
2.5	23	15	10	6	5
3	30	18	12	8	6
4	39	25	15	10	7
5	47	31	19	11	8

表中稳定系数　　　　　　　　　　　$$K_p = \frac{t_{max}}{t_{min}} \tag{2-2}$$

式中　t_{max}——最大观察值；

　　　t_{min}——最小观察值。

算术平均值精确度的计算公式为：

$$E = \pm \frac{1}{\overline{X}} \sqrt{\frac{\sum \Delta^2}{n(n-1)}} \tag{2-3}$$

式中　E——算术平均值精确度；

　　　$\overline{X}$——算术平均值；

　　　n——观察次数；

　　　Δ——每一观测值与算术平均值的偏差。

例 2-1　某一施工工序共观察 12 次，所测得的观测值分别为 40、35、30、28、31、36、29、30、50、32、33、34。试检查观察次数是否满足需要？

解　（1）首先计算算术平均值 $\overline{X}$

$$\overline{X} = \frac{40+35+30+28+31+36+29+30+50+32+33+34}{12} = 34$$

（2）计算各观测值与算术平均值的偏差（Δ）

偏差（Δ）分别为：+6、+1、−4、−6、−3、+2、−5、−4、+16、−2、−1、0

（3）计算算术平均值精确度

$$E = \pm \frac{1}{\overline{X}} \sqrt{\frac{\sum \Delta^2}{n(n-1)}}$$

$$= \pm \frac{1}{34} \sqrt{\frac{6^2+1^2+4^2+6^2+3^2+2^2+5^2+4^2+16^2+2^2+1^2+0^2}{12 \times (12-1)}}$$

$$= 5.15\%$$

（4）计算稳定系数

$$K_p = \frac{t_{max}}{t_{min}} = \frac{50}{28} = 1.79$$

根据以上所求得的稳定系数和算术平均值精确度，即可查阅表 2-3 测时所必需的观察次数表。表中规定算术平均值精确度在 7% 以内，稳定系数在 2 以内时，应测定 11 次。显然，本工序的观察次数已满足要求。

（3）测时数据的整理

测时数据的整理，一般可采用算术平均法。有时测时数据中个别延续时间误差较大，影响算术平均值的准确性，为了使算术平均值更加接近于各组成部分延续时间正确值，在整理测时数据时可进行必要的清理，删去那些显然是错误的以及误差极大的数值。通过清理后所得出的算术平均值，通常称之为平均修正值。

清理误差大的数值时，不能单凭主观想象，这样就失去技术测定的真实性和科学性。为了妥善清理此类误差，可参照误差调整系数表（表 2-4）和误差极限算式进行。

误差极限算式如下：

$$\lim_{max} = \overline{X} + K(t_{max} - t_{min})$$
$$\lim_{min} = \overline{X} - K(t_{max} - t_{min})$$

（2-4）

式中 $\lim_{max}$——根据误差理论得出的最大极限值；

$\lim_{min}$——根据误差理论得出的最小极限值；

$\overline{X}$——算术平均值；

K——误差调整系数（表 2-4）。

清理的方法为：首先，从数列中删去因人为因素影响而出现的误差极大的数值；然后，根据保留下来的测时数列值，试抽去误差极大的可疑数值，用误差调整系数表和误差极限算式求出最大极限或最小极限；最后，再从数列中抽去最大或最小极限之外误差极大的可疑数值。

误差调整系数表　　表 2-4

观察次数	K
5	1.3
6	1.2
7～8	1.1
9～10	1.0
11～15	0.9
16～30	0.8
31～53	0.7
53 以上	0.6

例 2-2 试对例 2-1 中的测时数据进行整理。

解 例 2-1 数据中误差大的可疑数值为 50，根据上述清理方法抽去这一数值。然后，根据误差极限算式计算其最大极限。

$$\overline{X} = \frac{40+35+30+28+31+36+29+30+32+33+34}{11} = 32.55$$

$$\lim_{max} = \overline{X} + K(t_{max} - t_{min}) = 32.55 + 0.9 \times (40-28) = 43.35 < 50$$

综上所述，该工序数据中必须抽去可疑数值 50，其算术平均修正值为 32.55。

2. 写实记录法

写实记录法是一种测定各种性质的工作时间消耗的方法，包括工人的基本工作时间、不可避免的中断时间、辅助工作时间、准备与结束工作时间、休息时间及各种损失时间等。采用这种方法可以获得人工工作时间消耗的全部资料。这种测时方法比较简便、实用、容易掌握，并且能达到一定的精确度。因此，这种方法在实际中应用十分广泛。

写实记录法分为个人写实记录法和集体写实记录法两种。如果作业是由一个人来操作，而且产品数量能够单独计时时，可以采用个人写实记录法。如果是由集体合作生产一个产品，同时产品的数量又不能分开计算时，可以采用集体写实记录法。写实记录法按记录时间的方法不同分为数示法、图示法和混合法三种。

（1）数示法。数示法是直接用数字记录工时消耗的方法，它是三种写实记录中精确度较高的一种，可以同时对两个及以内的工人进行测定，测定的时间消耗，记录在专门的数示法写实记录表中。记录时间的精确度为5～10s，用数示法可以对整个工作班或半个工作班工人或机器工作情况进行记录。这种方法适用于组成部分较少而且比较稳定的施工过程。数示法写实记录样表见表2-5。

数示法写实记录样表　　表2-5

| 工地名称 | | | 开始时间 | 8时33分 | | 延续时间 | 1时21分40秒 | | 调查号次 | 1 |
| 施工单位名称 | | | 终止时间 | 9时54分40秒 | | 记录日期 | | | 页次 | 3 |

施工过程：双轮车运土方，200m运距　　观察对象：　　　　观察对象：

号次	施工过程组成部分名称	时间消耗量	组成部分号次	起止时间 时-分	秒	延续时间	完成产品 计量单位	数量	附注	组成部分号次	起止时间 时-分	秒	延续时间	完成产品 计量单位	数量	附注
一	二	三	四	五	六	七	八	九	十	十一	十二	十三	十四	十五	十六	十七
1	装　土	29'35"	×	8-33	0					1	9-16	50	3'40"			
2	运　输	21'26"	1	35	50	2'50"	m³	0.288	产量计算如下：	2	19	10	2'20"			
3	卸　土	8'59"	2	39	0	3'10"	次	1	每车容积＝	3	20	10	1'			
4	空　返	18'5"	3	40	20	1'20"	m³	0.288	1.2×0.6×	4	22	30	2'20"			
5	等候装土	2'5"	4	43	0	2'40"	次	1	0.4=0.288m³	1	26	30	4'			
6	喝　水	1'30"	1	46	30	3'30"			共运土8车	2	29	0	2'30"			
									8×0.288＝2.3m³	3	30	0	1'			
			2	49	0	2'30"				4	32	50	2'50"			
			3	50	0	1'			（按余松土计算）	5	34	55	2'05"			5工作面小、等候装土
			4	52	30	2'30"				1	38	50	3'55"			
			1	56	40	4'10"				2	41	56	3'6"			
			2	59	10	2'30"				3	43	20	1'24"			
			3	9-00	20	1'10"				4	45	50	2'30"			
			4	3	10	2'50"				1	49	40	3'50"			
			1	6	50	3'40"				2	52	10	2'30"			
			2	9	40	2'50"				3	53	10	1'			
			3	10	45	1'05"				6	54	40	1'30"			6喝水
			4	13	10	2'25"										
		81'40"				40'10"							41'30"			

观察者：

（2）图示法。图示法写实记录是在规定格式的图表上，用时间进度线条来表示工时消耗的一种记录方式。适用于观察三个以内的工人共同完成某一产品的施工过程。这种方法与数示法比较，主要的优点是记录技术简单、直观，记录时间一目了然，原始记录整理十分方便。因此，在实际工作中，图示法较数示法的使用更为普遍。图示法写实记录样表见表2-6。

图示法写实记录样表　　　　　　　　　　　　　　表2-6

工程名称	××商住楼		开始时间	13时	延续时间	1小时	观察号次	4
单位名称	××建工集团		终止时间	14时	记录时间	×年×月×日	页次	2/5
施工过程	M7.5混合砂浆砌筑1砖厚烧结普通砖				观察对象	李××5级\张××4级\王××2级		

序号	组成部分名称	时间（分）											时间合计（分）
		5 10 15 20 25 30 35 40 45 50 55 60											
1	准备工作												16
2	挂线吊直												13
3	砖块浇水												10
4	砌筑												122
5	摆放拉结钢筋												8
6	处理门窗洞口事宜												6
7	搬砖等灰砂												5
	合计												180
	产量	$V=(5.76×0.75-2.1×0.15)×0.24=0.96m^3$											

（3）混合法。混合法写实记录的特征是吸取了图示法和数示法的优点，用图示法的时间进度线条表示所测施工过程各组成部分的延续时间，在进度线上部用数字来表示每一组成部分的工人人数。这种方法适用于同时观察三个以上工人共同完成某一产品的施工过程。它的优点是比较经济，这一点是数示法和图示法都不能做到的。混合法记录时间仍采用图示法写实记录表。混合法写实记录样表见表2-7。

3. 工作日写实法

工作日写实法是指对工人在整个工作日中的工时利用情况按照时间消耗的顺序进行观察、记录的分析研究的一种测定方法。它是一种记录整个工作班内的各种损失时间、休息时间和不可避免的中断时间的方法，也是研究有效工作时间消耗的一种方法。

运用工作日写实法主要有两个目的：一是取得编制定额基础资料；二是检查定额的执行情况，找出缺点，改进工作。

根据写实对象的不同，工作日写实法可分为个人工作日写实、小组工作日写实和机械工作日写实三种。个人工作日写实是测定一个工人在工作日的工时消耗；小组工作日写实是测定一个小组的工人在工作日内的工时消耗，它可以是相同工种的工人，也可以是不同工种的工人；机械工作日写实是测定某一机械在一个台班内机械发挥的程度。

工作日写实法与测时法、写实法记录比较，具有技术简便、费时不多、应用广泛和资料全面的优点。在我国是一种采用较为广泛的编制定额的方法。

混合法写实记录样表   表2-7

工地名称	××工地	开始时间	9时	延续时间	1小时	调查号次	
施工单位		终止时间	10时	记录日期	×年×月×日	页　次	
施工过程	浇捣混凝土柱（机拌人捣）	观察对象	甲、乙（四级工）；三个丙（三级工）；丁（普工）				

号次	各组成部分名称	时间（min） 5　10　15　20　25　30　35　40　45　50　55　60	时间合计（min）	产品数量	附注
1	撒　锹	2 12 21 2 1 1 2 1 2	78	1.85m³	
2	捣　固	4 24 212 1 4 34 21 1 4 2 3	148	1.85m³	
3	转　移	5132 56 3564 6 3 3	103	3次	
4	等混凝土	63 3	21		
5	做其他工作	1 1 1	10		
	合　计		360		

观察者：

人工消耗定额的概念、编制方法

2.3　人工消耗定额的确定

2.3.1　人工消耗定额的概念

1. 人工消耗定额（也称劳动定额）

人工消耗定额指在正常技术组织条件和合理劳动组织条件下，生产单位合格产品所需消耗的工作时间，或在一定时间内生产的合格产品数量。在各种定额中，人工消耗定额都是很重要的组成部分。人工消耗的含义是指活劳动的消耗，而不是指活劳动和物化劳动的全部消耗。

2. 劳动定额的表现形式

劳动定额的基本表现形式分为时间定额和产量定额两种。

（1）时间定额

时间定额是指在正常生产技术组织条件和合理的劳动组织条件下，某工种、某种技术等级的工人小组或个人，完成单位合格产品所必须消耗的工作时间。

时间定额以"工日"为计量单位，每个工日工作时间按现行制度规定为8h。如工日/m³、工日/m²、工日/m、工日/t、工日/座等，其计算公式如下：

$$单位产品的时间定额（工日）=\frac{1}{每工的产量} \tag{2-5}$$

如果以小组为计算单位，则计算公式为：

$$单位产品的时间定额（工日）=\frac{小组成员工日数总和}{小组的班产量} \tag{2-6}$$

（2）产量定额

产量定额是指在正常的生产技术组织条件和合理的劳动组织条件下，某工种、某技术等级的工人小组或个人，在单位时间内（工日）所应完成合格产品的数量。

产量定额以"产品的单位"为计量单位，如 m^3/工日、m^2/工日、m/工日、t/工日、块（件）/工日等，其计算公式如下：

$$每工日的产量定额=\frac{1}{单位产品的时间定额（工日）} \tag{2-7}$$

如果以小组为计算单位，则计算公式为：

$$每工日的产量定额=\frac{小组成员工日数总和}{单位产品的时间定额（工日）} \tag{2-8}$$

（3）时间定额与产量定额的关系

时间定额和产量定额之间的关系是互为倒数，即：

$$时间定额=\frac{1}{产量定额} \tag{2-9}$$

或 $$时间定额×产量定额=1$$

从上述公式可知：当时间定额减少时，产量定额相应地增加，反之也成立。但它们增减的百分比并不相同。例如，当时间定额减少 5% 时，产量定额则增加 5.26%。其计算如下：

设原来的产量定额为 P_1，时间定额为 T_1，则：

$$P_1=\frac{1}{T_1}$$

当时间定额减少 5%，相应的产量定额 P_2 为：

$$P_2=\frac{1}{(1-0.05)T_1}$$

产量定额的增值为：

$$P_2-P_1=\left[\frac{1}{(1-0.05)T_1}-\frac{1}{T_1}\right]$$

$$=\frac{0.05}{1-0.05}×\frac{1}{T_1}×100\%$$

$$=5.26\%P_1$$

由上可以得出：时间定额与产量定额增减百分率的计算公式如下：

1）当时间定额减少时：

$$产量定额增加百分率=\frac{时间定额减少百分率}{1-时间定额减少百分率} \tag{2-10}$$

2）当时间定额增加时：

$$产量定额减少百分率=\frac{时间定额增加百分率}{1+时间定额增加百分率} \tag{2-11}$$

3) 当产量定额减少时:

$$时间定额增加百分率 = \frac{产量定额减少百分率}{1 - 产量定额减少百分率} \qquad (2\text{-}12)$$

4) 当产量定额增加时:

$$时间定额减少百分率 = \frac{产量定额增加百分率}{1 + 产量定额增加百分率} \qquad (2\text{-}13)$$

时间定额和产量定额,虽然以不同的形式表示同一劳动定额,但都有不同的用途。时间定额是以工日为计算单位,便于计算某工序(或工种)所需总工日数,也易于核算工资和编制施工作业计划。产量定额是以产品数量为计算单位,便于施工队向工人分配任务,考核工人劳动生产率。

2.3.2 人工消耗定额的编制依据

劳动定额既是技术定额,又是重要的经济法规。因此,劳动定额的制定必须以国家的有关技术、经济政策和可靠的科学技术资料为依据。

1. 国家的经济政策和劳动制度

国家的经济政策和劳动制度主要有《建筑工程施工职业技能标准》、工资标准、工资奖励制度、劳动保护制度、人工工作制度等。

2. 技术资料

技术资料可分为有关技术规范和统计资料两部分。

(1) 技术规范,主要包括《建筑施工安全检查标准》《建筑机械使用安全技术规程》《建筑安全管理规范》《建筑工程施工质量验收统一标准》等。

(2) 统计资料,主要包括现场技术测定数据和工时消耗的单项或综合统计资料。

2.3.3 人工消耗定额的编制方法

1. 技术测定法

技术测定法是指应用测时法、写实记录法、工作日写实法等几种计时观察法获得的工作时间的消耗数据,进而制定人工消耗定额。劳动定额的表现形式有时间定额和产量定额两种,它们之间互为倒数关系,拟定出时间定额,即可以计算出产量定额。

时间定额是在拟定基本工作时间、辅助工作时间、准备与结束工作时间、不可避免的中断时间及休息时间的基础上制定的。

(1) 拟定基本工作时间

基本工作时间必须消耗的工作时间是所占的比重最大、最重要的时间。基本工作时间消耗根据计时观察法来确定。其做法为:首先确定工作过程每一组成部分的工时消耗,然后综合出工作过程的工时消耗。

(2) 拟定辅助工作时间和准备与结束工作时间

辅助工作时间和准备与结束工作时间的确定方法与基本工作时间相同,如果这两项工作时间在整个工作班工作时间消耗中所占比重不超过 5%~6%,则可归纳为一项来确定。如果在计时观察时不能取得足够的资料,来确定辅助工作和准备与结束工作的时间,也可采用经验数据来确定。

(3) 拟定不可避免的中断时间

不可避免的中断时间一般根据测时资料,通过整理分析获得。在实际测定时由于不容易获得足够的相关资料，一般可根据经验数据，以占基本工作时间的一定百分比确定此项工作时间。

在确定这项时间时，必须分析不同工作中断情况，分别加以对待。一种情况是由于工艺特点所引起的不可避免的中断，此项工作时间消耗，可以列入工作过程的时间定额。另一种是由于工人任务不均、组织不善而引起的中断，这种工作中断就不应列入工作过程的时间定额，而要通过改善劳动组织、合理安排劳动力分配来克服。

（4）拟定休息时间

休息时间是工人生理需要和恢复体力所必需的时间，应列入工作过程的时间定额。休息时间应根据工作作息制度、经验资料、计时观察资料以及对工作的疲劳程度作全面分析来确定，同时应考虑尽可能利用不可避免的中断时间作为休息时间。

从事不同工程、不同工作的工人，疲劳程度有很大差别。在实际应用中往往根据工作轻重和工作条件的好坏，将各种工作划分为不同的等级。例如，某规范按工作疲劳程度分为轻度、较轻、中等、较重、沉重、最沉重六个等级，它们的休息时间占工作的比重分别为4.16%、6.25%、8.37%、11.45%、16.7%、22.9%。

（5）拟定时间定额

确定了基本工作时间、辅助工作时间、准备与结束工作时间、不可避免的中断时间和休息时间后，即可以计算劳动定额的时间定额。计算公式如下：

$$定额工作延续时间＝基本工作时间＋其他工作时间 \tag{2-14}$$

式中　　　　　其他工作时间＝辅助工作时间＋准备与结束工作时间

＋不可避免的中断时间＋休息时间

在实际应用中，其中的工作时间一般有两种表达方式：

第一种方法：其他工作时间以占工作延续时间的比例表达，计算公式为：

$$定额工作延续时间＝\frac{基本工作时间}{1－其他各项时间所占百分比} \tag{2-15}$$

第二种方法：其他工作时间以占基本工作时间的比例表达，则计算公式为：

$$定额工作延续时间＝基本工作时间×（1＋其他各项时间所占百分比） \tag{2-16}$$

例2-3　某型钢支架工作，测时资料表明，焊接每吨（t）型钢支架需基本工作时间为50h，辅助工作时间、准备与结束工作时间、不可避免的中断时间、休息时间分别占工作延续时间的3%、2%、2%、16%。试确定该支架的人工时间定额和产量定额。

解　（1）工作延续时间＝$\frac{50}{1－（3\%＋2\%＋2\%＋16\%）}$＝64.94h

（2）时间定额＝$\frac{64.94}{8}$＝8.12工日/t

（3）产量定额＝$\frac{1}{时间定额}$＝$\frac{1}{8.12}$＝0.12t/工日

例2-4　人工挖土方，按土壤分类属于二类土（普通土），测时资料表明，挖1m³土需消耗基本工作时间55min，辅助工作时间占基本工作时间的2.5%，准备与结束时间占基本工作时间的3%，不可避免的中断时间占基本工作时间的1.5%，休息时间占工作延续时间的15%，试确定人工挖土方的时间定额和产量定额。

解　（1）计算工作延续时间

$$工作延续时间(t)＝基本工作时间＋辅助时间＋准备与结束时间$$
$$＋不可避免的中断时间＋休息时间$$

$$t＝55×(1＋2.5\%＋3\%＋1.5\%)＋t×15\%$$

$$t＝\frac{55×(1＋7\%)}{1－15\%}＝69.24\text{min}$$

（2）计算时间定额

$$时间定额＝69.24÷60÷8＝0.144\ 工日/\text{m}^3$$

（3）计算产量定额

$$产量定额＝\frac{1}{时间定额}＝\frac{1}{0.144}＝6.94\text{m}^3/工日$$

2. 比较类推法

比较类推法，也称典型定额法，是以某一同类工序、同类型产品定额典型项目的水平或实际消耗的工时定额为标准，经过分析对比，类推出另一种工序或产品定额的水平或时间定额的方法。比较类推法的计算公式为：

$$t＝p×t_0 \tag{2-17}$$

式中　　t——比较类推同类相邻定额相同的时间定额；

　　　　p——各同类相邻项目耗用时间的比例；

　　　　t_0——典型项目的时间定额。

这种方法简便，工作量小，只要典型定额选择恰当，切合实际，具有代表性，类推出的定额水平一般比较合理。这种方法适用于同类型产品规格多、批量小的施工（生产）过程。

采用这种方法，要特别注意掌握工序、产品的施工（生产）工艺和劳动组织"类似"或"近似"的特征，细致地分析施工（生产）过程的各种影响因素，防止将因素变化很大的项目作为同类型产品项目比较类推。对典型定额的选择必须恰当，通常采用主要项目的常用项目作为典型定额比较类推，这样，就能够提高定额水平的精确度，否则，就会降低定额水平的精确度。

如《全国统一建筑安装工程劳动定额》，挖地槽、地沟、柱基、地坑土方定额表（表2-8）就是利用这种方法编制的。

挖地槽、地沟、柱基、地坑土方定额表（工日/m³）　　　　　表2-8

项　目	挖地槽、地沟			挖柱基、地坑				序号
	上口宽（m）			上口面积（m²）				
	0.8 以内	1.5 以内	3 以内	2.25 以内	6.25 以内	12 以内	30 以内	
一类土	0.197	0.170	0.157	0.218	0.198	0.194	0.189	一
二类土	0.281	0.242	0.227	0.312	0.283	0.277	0.266	二
三类土	0.492	0.421	0.399	0.546	0.495	0.485	0.470	三
四类土	0.742	0.635	0.590	0.824	0.740	0.725	0.703	四
编　号	3	4	5	6	7	8	9	

表中挖一类土与二、三、四类土的比例关系分别为1.426、2.497、3.766，根据挖一类

土的时间定额及比例关系，可推算出挖二、三、四类土各项目的时间定额。例：挖每 $1m^3$ 的三类柱基土方，上口面积在 $12m^2$ 以内，时间定额为 $0.194 \times 2.497 = 0.485$ 工日/m^3。

3. 统计分析法

统计分析法是把过去施工中同类工程或生产同类建筑产品的工时消耗加以科学地分析、统计，并结合当前生产技术组织条件的变化因素，进行分析研究、整理和修正的方法。

由于统计分析资料反映的是工人已完成工作时达到的相应水平。在实际统计时没有剔除施工中不利的因素，因而这个水平偏于保守。为了克服统计分析资料这个缺陷，使确定出来的定额水平保持平均先进的性质，可利用"二次平均法"计算平均先进值作为确定定额水平的依据。其计算步骤如下：

（1）剔除统计资料中特别偏高、偏低的明显不合理的数据。

（2）计算平均数

$$\bar{t} = \frac{t_1 + t_2 + t_3 + \cdots + t_n}{n} = \frac{\sum\limits_{1}^{n} t_i}{n} \tag{2-18}$$

（3）计算平均先进值

平均值与数列中小于平均值的各时间定额数值平均相加，再求其平均数，亦即第二平均，即所求的平均先进值。

$$\bar{t}_0 = \frac{\bar{t}_n + \bar{t}}{2} \tag{2-19}$$

式中　$\bar{t}_0$——二次平均的平均先进值；

$\bar{t}$——全数值平均值；

$\bar{t}_n$——小于全数平均值的各数值的平均值。

例 2-5　已知由统计得来的工时消耗数值资料统计数组：5、25、30、40、50、60、40、35、50、60、55、90。试求平均先进值。

解　（1）剔除统计资料中特别偏高、偏低的明显不合格数据 5、90。

（2）求第一次平均值

$$\bar{t} = \frac{1}{10}（25 + 30 + 40 + 50 + 60 + 40 + 35 + 50 + 60 + 55）= 44.5$$

（3）求平均先进值，小于平均值 44.5 的数有 25、30、40、40、35。

$$\bar{t}_n = \frac{25 + 30 + 40 + 40 + 35}{5} = 34$$

$$\bar{t}_0 = \frac{44.5 + 34}{2} = 39.25$$

4. 经验估计法

经验估计法是由定额测定员、工程技术员和工人，根据个人或集体实践经验，经过图纸分析、现场观察、分解施工工艺、分析施工的生产技术组织条件和操作方法等情况，进行座谈讨论，从而制定定额的方法。

运用经验估计法制定定额，是以工序为对象，先根据经验分别估算出工序组织部分操作、动作的基本时间、辅助工作时间、准备与结束时间和休息时间，经过综合整理并优化，即得出该工序的时间定额或产量定额。

这种方法的优点是方法简单及速度快、工作量小。其缺点是定额水平由于无科学的技术测定定额，精确度差，并易受制定人员的主观因素和个人水平的影响，使定额出现偏高或偏低的现象，定额水平不易掌握。因此，经验估计是适用于企业内部，作为某些项目的补充定额。为了提高经验估算的精确度，使取定的定额水平适当，可用概率论的方法来估算定额，这种方法基本步骤为：

（1）请有经验的人员，分别对某一单位产品和施工过程进行估算，从而得出三个工时消耗数值：先进的（乐观估计）为 a，一般的（最大可能）为 m，保守的（悲观估计）为 b。

（2）求出它们的平均值

$$\bar{t}=\frac{a+4m+b}{6} \tag{2-20}$$

（3）求出均方差

$$\sigma=\left|\frac{a-b}{6}\right| \tag{2-21}$$

（4）根据正态分布的公式，求出调整后的工时定额

$$t=\bar{t}+\lambda\sigma \tag{2-22}$$

式中的 λ 为 σ 的系数。从正态分布表 2-9 中可以查到对应值的概率 $P(\lambda)$。

正态分布表 表 2-9

λ	$P(\lambda)$	λ	$P(\lambda)$	λ	$P(\lambda)$
−0.5	0.31	0.5	0.69	1.5	0.93
−0.4	0.34	0.6	0.73	1.6	0.95
−0.3	0.38	0.7	0.76	1.7	0.96
−0.2	0.42	0.8	0.79	1.8	0.96
−0.1	0.46	0.9	0.82	1.9	0.97
0.0	0.50	1.0	0.84	2.0	0.98
0.1	0.54	1.1	0.86	2.1	0.98
0.2	0.58	1.2	0.88	2.2	0.98
0.3	0.62	1.3	0.90	2.3	0.99
0.4	0.66	1.4	0.92	2.4	0.99

例 2-6 已知完成某项任务的先进工时消耗为 8h，保守的工时消耗为 14h，一般的工时消耗为 10h。试问：（1）如果要求在 11.5h 内完成，其完成任务的可能性有多少？（2）要使完成任务的可能性为 92%，则下达的工时定额应是多少？

解 （1）$a=8h$　$b=14h$　$m=10h$

$$\bar{t}=\frac{8+10\times4+14}{6}=10.3h$$

$$\sigma=\left|\frac{8-14}{6}\right|=1h$$

$$\lambda = \frac{t-\bar{t}}{\sigma} = \frac{11.5-10.3}{1} = 1.2$$

从表 2-9 中查得对应的 $P(\lambda)=0.88$，即在给定工时消耗为 11.5h 时，完成任务的可能性有 88%。

（2）由 $P(\lambda)=92\%=0.92$，由表 2-9 中查得相应的 $\lambda=1.4$

$$t=10.3+1.4\times1=11.7h$$

即当要求完成任务的可能性 $P(\lambda)=92\%$ 时，下达的工时定额应为 11.7h。

2.3.4 劳动定额应用

人力资源和社会保障部、住房和城乡建设部颁发，于 2009 年 3 月 10 日开始实施的中华人民共和国劳动和劳动安全行业标准《建设工程劳动定额》，它作为建设行业劳动标准，包括建筑工程、装饰工程、安装工程、市政工程、园林绿化工程劳动定额，共计 5 个专业，30 项标准。其中：

建筑工程包括：材料运输与加工工程，人工土石方工程，架子工程，砌筑工程，木结构工程，模板工程，钢筋工程，混凝土工程，防水工程，金属结构工程，防腐、隔热、保温工程共 11 个分册。

装饰工程包括：抹灰与镶贴工程，门窗及木装饰工程，油漆、涂料、裱糊工程，玻璃、幕墙及采光屋面工程共 4 个分册。

现行《建设工程劳动定额》适用于一般工业与民用建筑、市政基础设施的新建、扩建和改建工程中的建筑工程、装饰工程、安装工程、市政工程、园林绿化工程。

《建设工程定额》主要作用：

（1）是施工企业编制施工作业计划、签发施工任务书、考核工效、实行按劳分配和经济核算的依据；

（2）是规范劳务合同的签订和履行，施工企业劳务结算与支付管理的依据；

（3）是编制地区性预算定额与清单计价定额人工标准的基本依据；

（4）是各地区分布实物工程量人工指导单价的基础。

现行《建设工程劳动定额》除土方工程和运输项目外，表格的表现形式全部采用单式表，即：一个定额编号对应一个定额项目，在表格下面加上必要的附注。表格中若没有分列工序消耗量时间定额，采用综合消耗量时间定额，在项目栏下标注"综合"。

现行劳动定额劳动消耗量均以"时间定额"表示，以"工日"为单位，每一工日按 8h 计算。定额时间构成包括：

作业时间（基本时间＋辅助时间）、作业宽放时间（技术性宽放时间＋组织性宽放时间）、个人生理需要与休息宽放时间以及必须分摊的准备与结束时间等部分组成，即：

$$T=T_z+T_{zk}+T_{jxk}+T_{zj} \tag{2-23}$$

式中　T——定额时间；

　　T_z——作业时间；

　　T_{zk}——作业宽放时间；

　　T_{jxk}——个人生理需要与休息宽放时间；

　　T_{zj}——必须分摊的准备与结束时间。

现行《建设工程劳动定额》定额编号由 6 位码标识。

第一位码用英文大写字母标识，代表专业：

A——建筑工程；

B——装饰工程；

C——安装工程；

D——市政工程；

E——园林绿化工程。

第二位码用英文大写字母标识，代表分册的顺序。

第三至六位码用阿拉伯数字标识，是顺序码。例如：加气混凝土砌块墙（厚度≤200）项目，定额编号为AD0077，其第一位大写英文字母"A"代表建筑工程，第二位大写英文字母"D"代表建筑工程专业第四分册砌筑工程，"0077"代表其在砌筑工程分册中的顺序码。

表2-10～表2-12为现行《建设工程劳动定额》建筑工程分册的现浇钢筋混凝土柱模板工程、钢筋工程、混凝土工程的劳动定额表。

现浇柱模板工程劳动定额表   表 2-10

工作内容：熟悉图纸，布置操作地点，领退工具，队组自检互检，机械加油加水，排除一般故障，保养机具、操作完毕后的场地清理，钢模板安装、拆除；木模板、竹模板制作、安装、拆除、再次安拆，清理模板、干结水泥及砂浆，模板刷隔离剂等。

单位：10m²

定额编号	AF0046	AF0047	AF0048	AF0049	AF0050	AF0051	序　号
项　目	矩　形　柱						
	周　长（≤m）						
	1.6			2.4			
	钢模板	木模板	竹胶合板	钢模板	木模板	竹胶合板	
综　合	2.50	2.54	2.46	2.07	2.08	2.01	一
制　作	—	0.871	0.793	—	0.769	0.700	二
安　装	1.75	1.31	1.31	1.45	1.00	1.00	三
拆　除	0.752	0.359	0.359	0.619	0.314	0.314	四

表 2-10（续）

单位：10m²

定额编号	AF0052	AF0053	AF0054	AF0055	AF0056	AF0057	序　号
项　目	矩　形　柱						
	周　长（m）						
	≤3.6			>3.6			
	钢模板	木模板	竹胶合板	钢模板	木模板	竹胶合板	
综　合	1.88	1.85	1.79	1.70	1.64	1.58	一
制　作	—	0.710	0.646	—	0.656	0.597	二
安　装	1.32	0.846	0.846	1.20	0.715	0.715	三
拆　除	0.555	0.293	0.293	0.501	0.273	0.273	四

表 2-10（续）

单位：10m²

定额编号	AF0058	AF0059	AF0060	AF0061	AF0062	AF0063	序　号
项　目	构　造　柱			异　形　柱			
	钢模板	木模板	竹胶合板	钢模板	木模板	竹胶合板	
综　合	3.02	3.03	2.94	4.15	4.37	4.18	一
制　作	—	1.01	0.919	—	2.08	1.89	二
安　装	2.11	1.60	1.60	2.90	1.89	1.89	三
拆　除	0.910	0.421	0.421	1.25	0.396	0.396	四

表 2-10（续）

单位：10m²

定额编号	AF0064	AF0065	序　号
项　目	圆　形　柱		
	直　径（m）		
	≤0.5	>0.5	
	木　模　板		
综　合	5.19	4.26	一
制　作	3.45	2.70	二
安　装	1.36	1.18	三
拆　除	0.379	0.379	四

表 2-10（续）

单位：10m²

定额编号	AF0066	AF0067	AF0068	AF0069	序　号
项　目	柱　墩				
	方　形		多边形、圆形		
	木模板	竹胶合板	木模板	竹胶合板	
综　合	3.27	3.15	6.09	5.76	一
制　作	1.43	1.30	3.70	3.37	二
安　装	1.34	1.34	1.82	1.82	三
拆　除	0.506	0.506	0.569	0.569	四

表 2-10（续）

单位：10m²

定额编号	AF0070	AF0071	AF0072	AF0073	序　号
项　目	柱　帽				
	方　形		多边形、圆形		
	木模板	竹胶合板	木模板	竹胶合板	
综　合	4.20	4.00	7.11	6.73	一
制　作	2.17	1.97	4.17	3.79	二
安　装	1.49	1.49	2.33	2.33	三
拆　除	0.535	0.535	0.607	0.607	四

注：1. 构造柱不分几面支模，均按本标准执行；

2. 柱模板如带牛腿、方角者，每10个，制作增加2.00工日，安装（钢模板包括部分木模板制作）增加3.00工日，拆除增加0.600工日，工程量与柱合并计算；

3. 构造柱阴角需堵缝者（除钢模板外），每10m制、安、拆增加0.200工日，工程量按实堵缝的延长米计算；

4. 圆形柱模板制作（除钢模板外），如上细下粗者，以平均直径计算，并按圆形柱相应项目的时间定额乘以系数1.25；

5. 柱模板不分门子板式或四块整体板（除钢模板外），均按本标准执行。

现浇柱钢筋工程劳动定额表 　　　　表 2-11

工作内容：熟悉图纸，布置操作地点，领退工具，队组自检互检，机械加油加水，排除一般故障，保养机具、操作完毕后的场地清理，钢筋制作、绑扎、焊接网、植筋、钢筋机械连接等。

单位：t

定额编号		AG0025	AG0026	AG0027	序　号
项　目		矩形、构造柱			
		主筋直径（mm）			
		≤16	≤25	>25	
综　合	机制手绑	6.50	4.51	3.48	一
	部分机制手绑	7.38	5.12	3.94	二
制　作	机　械	2.66	1.83	1.40	三
	部分机械	3.54	2.44	1.86	四
手工绑扎		3.84	2.68	2.08	五

表 2-11（续）

单位：t

定额编号		AG0028	AG0029	AG0030	序　号
项　目		圆形、异形柱			
		主筋直径（mm）			
		≤12	≤20	>20	
综　合	机制手绑	9.04	6.52	5.19	一
	部分机制手绑	9.99	7.25	5.71	二
制　作	机　械	3.16	2.42	1.74	三
	部分机械	4.11	3.15	2.26	四
手工绑扎		5.88	4.10	3.45	五

注：1. 柱绑扎如带牛腿、方角、柱帽、柱墩者，每10个增加1.00个工日，其钢筋重量与柱合并计算，制作不另加工；

　　2. 柱不论竖筋根数多少或单、双箍，均按标准执行。

现浇柱混凝土工程劳动定额表 　　　　表 2-12

工作内容：熟悉图纸，布置操作地点，领退工具，队组自检互检，机械加油加水，排除一般故障，保养机具、操作完毕后的场地清理，混凝土搅拌、捣固。

单位：m³

定额编号		AH0023	AH0024	AH0025	AH0026	序　号
项　目		矩形柱				
		周　长（m）				
		≤1.6	≤2.4	≤3.6	>3.6	
机拦机捣	双轮车	1.72	1.58	1.44	1.30	一
	小翻斗	1.54	1.42	1.29	1.17	二
	塔吊直接入模	1.28	1.18	1.08	0.970	三
商品混凝土机捣	汽车泵送	0.823	0.738	0.653	0.559	四
商品混凝土机捣捣乱或集中搅拌机捣	现场地泵送	0.871	0.781	0.691	0.592	五
	塔吊吊斗送	0.968	0.868	0.768	0.658	六
机械捣固		1.30	1.18	1.05	0.960	七

表 2-12（续）

单位：m³

定额编号		AH0027	AH0028	AH0029	AH0030	序　号
项　目		圆形柱		异形柱	构造柱	
		直　径（m）				
		≤0.5	>0.5			
机拦机捣	双轮车	1.73	1.57	1.65	1.93	一
	小翻斗	1.58	1.41	1.50	1.78	二
	塔吊直接入模	1.32	1.18	1.25	1.48	三
商品混凝土机捣	汽车泵送	0.859	0.738	0.797	0.995	四
商品混凝土机捣捣乱或集中搅拌机捣	现场地泵送	0.909	0.781	0.844	1.05	五
	塔吊吊斗送	1.01	0.868	0.938	1.17	六
机械捣固		1.32	1.17	1.25	1.54	七

注：1. 柱的牛腿、方角、柱帽、柱墩及带沿者，均包括在标准内，工程量合并计算，不另加工；

2. 柱子与墙连接者，按墙相应项目的标准执行；

3. 构造柱不分两面墙或多面墙，均执行本标准。

表中数字均为时间定额（工日）。例如，钢筋混凝土构造柱钢模板安装每 m² 需 0.211 工日，拆除需 0.091 工日，综合 0.302 工日。每一工日安拆构造柱模板数量（即产量定额）为：

$$产量定额 = \frac{1}{0.302} = 3.311\,\text{m}^2/\text{工日}$$

要正确使用现行《建设工程劳动定额》，必须详细阅读总说明、各项标准的适用范围、规范性引用文件、使用规定、工作内容，熟悉施工方法及规定，掌握时间定额表的具体内容。

例 2-7 某工程一楼层有现捣矩形柱，设计断面为 500mm×500mm，柱混凝土体积为 140m³，施工采用机拌、机捣、塔式起重机（塔吊）直接入模。每天有 45 名专业工人投入混凝土浇捣。试计算完成该工程柱浇捣所需的定额施工天数。

解： 查表 2-12 得定额编号为 AH0023，完成该项目时间定额为 1.28 工日/m³

完成柱浇捣需要的总工日数＝1.28×140＝179.20 工日

所需要的施工天数为：179.20÷45＝3.98d≈4d

即，完成该工程柱浇捣所需施工天数为 4d。

例 2-8 某工程采用现捣钢筋混凝土柱（带一牛腿），已计算每个柱钢筋用量：Φ25 1.011t，Φ20 0.625t，Φ12 0.212t，Φ8 0.153t。采用机制手绑，共有同类型柱 20 根。试计算完成这批柱钢筋制作绑扎所需的总工日数。

解：（1）计算柱钢筋工程量

查表 2-11 可知：柱绑扎带牛腿，其钢筋重量与柱合并计算，并根据主筋规格不同分别计算工程量。

主筋 12 以内的钢筋：（0.212＋0.153）×20＝7.30t

主筋 20 以内的钢筋：0.652×20＝13.04t

主筋 20 以上的钢筋：1.011×20＝20.22t

（2）计算柱钢筋制作绑扎工日数

查表 2-11 可知：Φ12 以内、Φ20 以内、Φ20 以上机制手绑定额编号分别为 AG0028、AG0029、AG0030，时间定额分别为 9.04 工日/t、6.52 工日/t、5.19 工日/t。

工日数＝7.30×9.04＋13.04×6.52＋20.22×5.19＝255.95 工日

（3）计算柱牛腿钢筋增加工日数

根据定额表（表 2-11）附注说明，柱钢筋绑扎带牛腿者，每 10 个增加 1.00 个工日。

增加工日数＝1×20÷10＝2 工日

（4）完成这批柱钢筋制作绑扎所需总工日数

255.95＋2＝257.95 工日

2.4 材料消耗定额的确定

2.4.1 材料消耗定额的概念

材料消耗定额是指在合理和节约使用材料的前提下，生产单位合格产品所必须消耗的建筑材料（半成品、配件、燃料、水、电）的数量标准。

材料消耗定额的概念、组成及编制方法

建筑材料是消耗于建筑产品中的物化劳动，建筑材料的品种繁多，耗用量大，在一般的工业和民用建筑中，材料消耗占工程成本的 60%～70%。材料消耗量多少，消耗是否合理，直接关系到资源的有效利用，对建筑工程的造价确定和成本控制有决定性影响。

材料消耗定额的任务，就在于利用定额这一杠杆，对材料消耗进行有效调控。材料消耗定额是控制材料需用量计划、运输计划、供应计划、计算材料仓库面积大小的依据，也是企业对工人签发限额材料单和材料核算的依据。制定合理的材料消耗定额，是组织材料的正常供应、保证生产顺利进行、资源合理利用的必要前提，也是反映建筑安装生产技术管理水平的重要依据。

2.4.2 材料消耗定额的组成

施工中材料的消耗，可分为必须的材料消耗和损失的材料消耗两类。

必须的材料消耗，是指在合理使用材料的条件下，生产单位合格产品所需消耗的材料数量。它包括直接用于建筑和工程的材料、不可避免的施工废料和不可避免的材料损耗。其中，直接构成建筑安装工程实体的材料用量称为材料净用量；不可避免的施工废料和材料损耗数量，称为材料损耗量。

材料的消耗量由材料净用量和材料损耗量组成。其公式如下：

$$材料消耗量＝材料净用量＋材料损耗量 \qquad (2\text{-}24)$$

材料损耗量用材料损耗率（%）来表示，即材料的损耗量与材料净用量的比值。可用下式表示：

$$材料损耗率＝（材料损耗量/材料净用量）×100\% \qquad (2\text{-}25)$$

材料损耗率确定后，材料消耗定额亦可用下式表示：

$$材料消耗量＝材料净用量×（1＋材料损耗率） \qquad (2\text{-}26)$$

部分原材料、半成品、成品损耗率（%）详见表 2-13。

部分原材料、半成品、成品损耗率 表2-13

材料名称	工程项目	损耗率（%）	材料名称	工程项目	损耗率（%）
普通黏土砖	地面、屋面、空花（斗）墙	1.5	水泥砂浆	抹灰及墙裙	2
普通黏土砖	基础	0.5	水泥砂浆	地面、屋面、构筑物	1
普通黏土砖	实砌砖墙	1	混凝土（现浇）	二次灌浆	3
白瓷砖		3.5	混凝土（现浇）	地面	1
陶瓷锦砖（马赛克）		1.5	混凝土（现浇）	其余部分	1.5
面砖、缸砖		2.5	细石混凝土		1
水磨石板		1.5	钢筋（预应力）	后张吊车梁	13
大理石板		1.5	钢筋（预应力）	先张高强钢丝	9
水泥瓦、黏土瓦	（括脊瓦）	3.5	钢材	其他部分	6
石棉波形瓦（板瓦）		4	铁件	成品	1
砂	混凝土、砂浆	3	小五金	成品	1
白石子		4	木材	窗扇、框（包括配料）	6
砾（碎）石		3	木材	屋面板平口制作	4.4
乱毛石	砌墙	2	木材	屋面板平口安装	3.3
方整石	砌体	3.5	木材	木栏杆及扶手	4.7
碎砖、炉（矿）渣		1.5	木材	封檐板	2.5
珍珠岩粉		4	模板制作	各种混凝土	5
生石膏		2	模板安装	工具式钢模式板	1
水泥		2	模板安装	支撑系统	1
砌筑砂浆	砖、毛方石砌体	1	胶合板、纤维板、吸声板	顶棚、间壁	5
砌筑砂浆	空斗墙	5	石油沥青		1
砌筑砂浆	多孔砖墙	10	玻璃	配制	15
砌筑砂浆	加气混凝土块	2	石灰砂浆	抹顶棚	1.5
混合砂浆	抹顶棚	3	石灰砂浆	抹墙及墙裙	1
混合砂浆	抹灰及墙裙	2	水泥砂浆	抹顶棚、梁、柱腰线、挑檐	2.5

2.4.3 材料消耗定额的编制

根据施工生产材料消耗工艺要求，建筑安装材料分为非周转材料和周转材料两大类。

1. 非周转材料消耗定额的编制

非周转材料也称为直接性消耗材料，它是指在建筑工程施工中，一次性消耗并直接用于工程实体的材料，如砖、砂、石、钢筋、水泥、砂浆等。

非周转材料通常用现场观察法、试验室试验法、统计分析法和理论计算法等方法来确定建筑材料的净用量、损耗量。

（1）现场观察法

现场观察法是指在合理使用材料的条件下，对施工中实际完成的建筑产品数量和所消耗的各种材料数量，进行现场观察测定的方法，故亦称施工试验法。

此法通常用于制定材料的损耗量。通过现场的观察，获得必要的现场资料，才能测定出哪些材料是施工过程中不可避免的损耗，应该计入定额内，哪些材料是施工过程中可以避免的损耗，不应计入定额内。在现场观测中，同时测出合理的材料损耗量，即可据此制定出相应的材料消耗定额。

利用现场观察法的首要任务是选择典型的工程项目，其施工技术、组织及产品质量均要符合技术规范的要求；材料的品种、型号、质量也应符合设计要求。同时，在观察前要充分做好准备工作，如选用标准的运输工具和计量工具、减少材料的损耗、挑选合格的生产工人等。

这种方法的优点是能通过现场观察、测定，得到产品产量和材料消耗情况，直观、操作简单，能为编制材料定额提供技术依据。

（2）试验室试验法

试验室试验法是指专业材料试验人员，通过试验仪器设备进行试验和测定数据，来确定材料消耗定额的一种方法。

这种方法只适用于在试验室条件下测定混凝土、沥青、砂浆、油漆涂料的消耗定额。由于试验室工作条件与现场施工条件存在一定的差别，施工中的许多客观因素对材料消耗用量的影响，不能得到充分考虑，这是该法的不足之处。在用于施工生产时，应加以必要调整方可作为定额数据。

（3）统计分析法

统计分析法是指在现场施工中，对分部分项工程耗用的材料数量、完成的建筑产品的数量、施工后剩余的材料数量等大量的统计资料，进行统计、整项和分析而编制材料消耗定额的方法。

这种方法主要是通过工地的施工任务单、限额领料单等有关记录取得所需要的资料，因为不能将施工过程中材料的合理消耗和不合理消耗区别开来，因而不能作为确定材料净用量定额和材料损耗量定额的依据。

（4）理论计算法

理论计算法是指根据设计图纸、施工规范及材料规格，运用一定的理论计算式，制定材料消耗定额的方法。

这种方法主要适用于计算按件论块的现成制品材料和砂浆混凝土等半成品。例如，砌砖工程中的砖、块料镶贴中的块料，如瓷砖、面砖、大理石、花岗石等。这种方法比较简单，先按公式计算出材料净用量，再根据损耗率计算出损耗量，然后将两者相加即为材料消耗定额。例如：

1）砖石工程中砖和砂浆净用量一般采用以下计算公式计算：

计算每 $1m^3$ 一砖墙砖的净用量：

$$砖数 = \frac{1}{(砖宽 + 灰缝) \times (砖厚 + 灰缝)} \times \frac{1}{砖长} \tag{2-27}$$

计算每 $1m^3$ 一砖半墙砖的净用量：

$$砖数 = \left[\frac{1}{(砖宽+灰缝)\times(砖厚+灰缝)} + \frac{1}{(砖长+灰缝)\times(砖厚+灰缝)} \right]$$
$$\times \frac{1}{砖长+砖宽+灰缝} \tag{2-28}$$

计算砂浆用量：

$$砂浆(m^3) = (1m^3 砌体 - 砖数 \times 每块砖体积) \times 1.07 \tag{2-29}$$

式中 1.07 是砂浆体积折合为虚体积的系数。

例2-9 计算一砖半标准砖（240mm×115mm×53mm）外墙每 1m³ 砌体砖和砂浆消耗量。已知砖损耗率为 1%，砂浆损耗率为 1%。

解 砖净用量 $= \left[\dfrac{1}{(0.24+0.01)\times(0.053+0.01)} + \dfrac{1}{(0.115+0.01)\times(0.053+0.01)} \right]$

$\times \dfrac{1}{0.24+0.115+0.01} = 522$ 块

砖消耗量 $= 522 \times (1+1\%) = 527$ 块

砂浆净用量 $= (1 - 0.24 \times 0.115 \times 0.053 \times 522) \times 1.07 = 0.253m^3$

砂浆消耗量 $= 0.253 \times (1+1\%) = 0.256m^3$

2) 块料镶贴中材料面层材料消耗量计算，一般以 100m² 采用以下公式计算：

$$块料消耗量 = \frac{100}{(块料长+灰缝)\times(块料宽+灰缝)} \times (1+损耗率) \tag{2-30}$$

例2-10 墙面砖规格为 240mm×60mm，灰缝为 10mm，其损耗率为 1.5%。试计算 100m² 墙面砖消耗量。

解 墙面砖消耗量 $= \dfrac{100}{(0.24+0.01)\times(0.06+0.01)} \times (1+1.5\%) = 5800$ 块

3) 普通抹灰砂浆配合比用料量的计算。抹灰砂浆的配合比通常是按砂浆的体积比计算的，每 1m³ 砂浆的各种材料消耗的计算公式如下：

$$砂消耗量(m^3) = \frac{砂比例数}{(配合比总比例数-砂比例数\times砂空隙率)} \times (1+损耗率) \tag{2-31}$$

$$水泥消耗量(kg) = \frac{水泥比例数\times水泥密度}{砂比例数} \times 砂用量 \times (1+损耗率) \tag{2-32}$$

$$石灰膏消耗量(m^3) = \frac{石灰膏比例数}{砂比例数} \times 砂用量 \times (1+损耗率) \tag{2-33}$$

例2-11 试计算 1:1:6 水泥石灰混合砂浆每 1m³ 材料消耗量。已知砂空隙率为 40%，损耗率为 2%，水泥密度为 1200kg/m³，水泥、石灰膏损耗率各为 1%。

解 砂消耗量 $= \dfrac{6}{(1+1+6)-6\times40\%} \times (1+2\%) = 1.09m^3$

水泥消耗量 $= \dfrac{1\times1200}{6} \times 1.09 \times (1+1\%) = 220kg$

石灰膏消耗量 $= \dfrac{1}{6} \times 1.09 \times (1+1\%) = 0.18m^3$

2. 周转材料消耗定额的编制

周转材料消耗是指在施工中不是一次性消耗的材料，它是随着多次使用而逐渐消耗的材料，并在使用过程中不断补充，多次重复使用。例如，各种模板、脚手架、支撑、活动支架、跳板等。

周转材料消耗定额，应当按照多次使用、分期摊销的方式进行计算。

现以钢筋混凝土模板为例，介绍周转材料摊销量计算。

（1）现浇钢筋混凝土构件周转材料（木模板）摊销量计算

1）材料一次使用量。材料一次使用量是指周转材料在不重复使用条件下的一次性用量，通常根据选定的结构设计图纸进行计算。

一次使用量＝混凝土构件模板接触面积×每1m² 接触面积模板用量×（1＋损耗率）

（2-34）

2）材料周转次数。材料周转次数是指周转材料从第一次开始使用起到报废为止，可以重复使用的次数。其数值一般采用现场观察法或统计分析法来测定。

3）材料补损量。材料补损量是指周转材料每周转使用一次的材料损耗，也就是在第二次和以后各次周转中为了修补难以避免的损耗所需要的材料消耗，通常用补损率（％）来表示。

补损率的大小主要取决于材料的拆除、运输和堆放的方法，以及施工现场的条件。在一般情况下，补损率要随着周转次数增多而增大，所以一般采取平均补损率来计算。计算公式如下：

$$补损率（％）＝\frac{平均每次损耗量}{一次使用量}×100％ \tag{2-35}$$

2015 年《房屋建筑与装饰工程消耗量定额》中有关木模板周转次数、补损率及施工损耗率详见表 2-14。

木模板周转次数、补损率及施工损耗率表　　　　　　　　　　　　　　表 2-14

序号	名称	周转次数（次）	补损率（％）	施工损耗率（％）
1	圆柱	3	15	5
2	异形梁	5	15	5
3	直形楼梯、阳台、栏板	4	15	5
4	平板	5	15	5
5	天沟挑檐	3	15	5
6	小型构件	3	15	5

4）材料周转使用量。材料周转使用量是指周转材料周转使用和补损条件下，每周转使用一次平均需要的材料数量。

$$\begin{aligned}周转使用量&＝\frac{一次使用量＋一次使用量×（周转次数－1）×补损率}{周转次数}\\&＝\frac{1＋（周转次数－1）×补损率}{周转次数}×一次使用量\end{aligned} \tag{2-36}$$

5）材料回收量。材料回收量是指周转材料每周转使用一次平均可以回收材料的数量。这部分材料回收应从摊销量中扣除，通常可规定一个合理的报价率进行折算。计算公式如下：

$$材料回收量=\frac{-次使用量-(一次使用量\times 补损率)}{周转次数}$$

$$=一次使用量\times \left(\frac{1-补损率}{周转次数}\right) \qquad (2\text{-}37)$$

6）材料摊销量。材料摊销量是指周转材料在重复使用的条件下，分摊到每一计量单位结构构件的材料消耗量。这是应纳入定额的实际周转材料消耗的数量。计算公式如下：

$$材料摊销量=周转使用量-周转回收量 \qquad (2\text{-}38)$$

例2-12 根据选定的现浇钢混凝土设计图纸计算，每$100m^2$混凝土异形梁木模板接触面积需要模板木材$3.689m^3$，木支撑系统$7.603m^3$。试计算模板摊销量。

解 （1）每$100m^2$模板一次使用量计算

$$一次使用量=1m^2 模板接触面积木板净用量\times(1+损耗率)$$

由表2-14可知，施工损耗率为5%。

$$模板一次使用量=3.689\times(1+5\%)=3.873m^3$$

$$支撑一次使用量=7.603\times(1+5\%)=7.983m^3$$

（2）每$100m^2$构件模板周转使用量

$$周转使用量=一次使用量\times \left[\frac{1+(周转次数-1)\times 补损率}{周转次数}\right]$$

由表2-14可知，木模板周转次数为5次，补损率为15%。

$$模板周转使用量=3.873\times \left[\frac{1+(5-1)\times 15\%}{5}\right]=1.239m^3$$

$$支撑周转使用量=7.983\times \left[\frac{1+(5-1)\times 15\%}{5}\right]=2.555m^3$$

（3）每$100m^2$周转回收量计算

$$周转回收量=一次使用量\times \left(\frac{1-补损率}{周转次数}\right)$$

$$模板回收量=3.873\times \left(\frac{1-15\%}{5}\right)=0.658m^3$$

$$支撑回收量=7.983\times \left(\frac{1-15\%}{5}\right)=1.357m^3$$

（4）每$10m^2$构件模板

$$摊销量=周转使用量-周转回收量$$

$$模板摊销量=1.239-0.658=0.581m^3$$

$$支撑摊销量=2.555-1.357=1.198m^3$$

（2）现浇构件周转性材料（组合钢模板、复合木模板）摊销量

组合钢模板、复合木模板属于周转使用材料，但其摊销量与现浇构件木模板计算方法不同，它不需计算每次周转的损耗，只需根据一次使用量及周转次数，即可计算出其摊销量。计算公式如下：

$$周转材料摊销量=\frac{100m^2 一次使用量\times(1+施工损耗率)}{周转次数} \qquad (2\text{-}39)$$

2015 年《房屋建筑与装饰工程消耗量定额》中组合模板、复合模板材料周转次数及施工损耗率详见表 2-15。

组合模板、复合模板材料周转次数及施工损耗率表 表 2-15

序号	名称	周转次数（次）	施工损耗率（%）	备注
1	模板板材	50	1	包括梁卡具。柱箍损耗率为2%
2	零星卡具	20	2	包括"V"形卡具、"L"形插销、梁形扣件、螺栓
3	钢支撑系统	120	1	包括连杆、钢筋支撑、管扣件
4	木模板	5	5	
5	木支撑	10	5	包括琵琶撑、支撑、垫板、拉杆
6	圆钉、钢丝	1	2	
7	木楔	2	5	
8	尼龙帽	1	5	

例 2-13 根据选定的现浇钢混凝土设计图纸计算，每 $100m^2$ 矩形（钢模、钢支撑）模板接触面积需组合式钢模板 $3866kg$、模板木材 $0.305m^3$、钢支撑系统 $5458.8kg$、零星卡具 $1308.6kg$、木支撑系统 $1.73m^3$。试计算周转材料摊销量。

解 因为组合模板、复合模板材料不考虑补损率，所以其摊销量计算公式为：

$$周转材料摊销量=\frac{100m^2 \text{一次使用量}\times(1+\text{施工损耗率})}{\text{周转次数}}$$

（1）钢模板。从表 2-15 可知，钢模板周转次数为 50 次，施工损耗率为 1%。

$$钢模板摊销量=\frac{3866\times(1+1\%)}{50}=78.09kg/100m^2$$

（2）模板木材。从表 2-15 可知，模板木材周转次数为 5 次，施工损耗率为 5%。

$$模板木材摊销量=\frac{0.305\times(1+5\%)}{5}=0.064m^3/100m^2$$

（3）钢支撑系统。从表 2-15 可知，钢支撑系统周转次数为 120 次，施工损耗率为 1%。

$$钢支撑系统摊销量=\frac{5458.8\times(1+1\%)}{120}=45.94kg/100m^2$$

（4）零星卡具。从表 2-15 可知，零星卡具周转次数为 20 次，施工损耗率为 2%。

$$零星卡具摊销量=\frac{1308.6\times(1+2\%)}{20}=66.74kg/100m^2$$

（5）木支撑系统。从表 2-15 可知，木支撑系统周转次数为 10 次，施工损耗率为 5%。

$$从支撑摊销量=\frac{1.73\times(1+5\%)}{10}=0.182m^3/100m^2$$

（3）预制构件模板计算公式

预制构件模板由于损耗很少，可以不考虑每次的补损率，按多次使用平均分摊的办法进行计算，其计算公式如下：

$$模板摊销量=\frac{\text{一次使用量}}{\text{周转次数}} \tag{2-40}$$

2.5 机械台班消耗定额的确定

2.5.1 机械台班消耗定额的定义

机械台班消耗定额，是指在正常施工、合理的劳动组织和合理使用施工机械的条件下，生产单位合格产品所必需的一定品种、规格施工机械作业时间的消耗标准。

所谓"台班"就是一台机械工作一个工作班（即 8h）。

2.5.2 机械工作时间的分类

机械工作时间分为两类：必须消耗时间（定额时间）和损失时间（非定额时间），如图 2-8 所示。

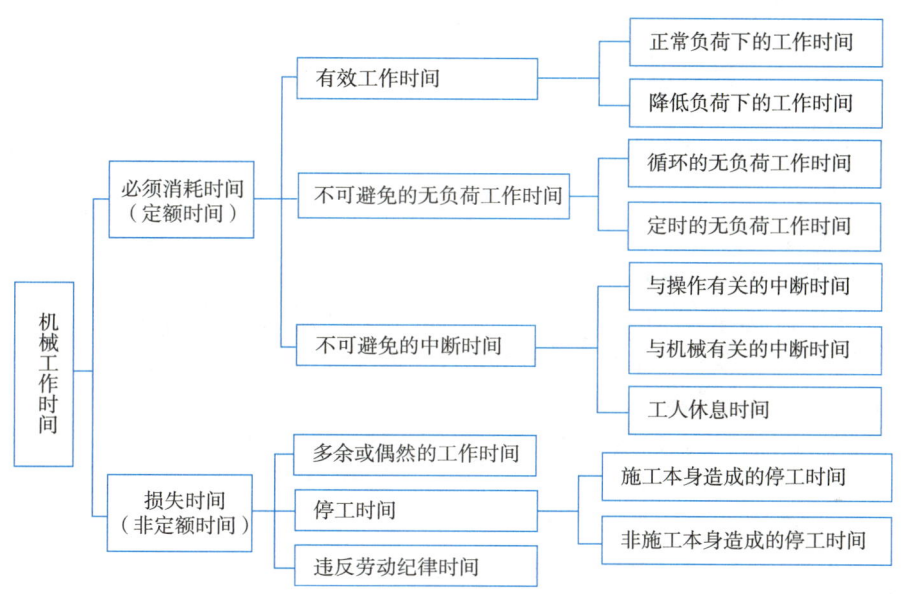

图 2-8　机械工作时间分类

1. 必须消耗时间（定额时间）

（1）有效工作时间

有效工作时间包括正常负荷下和降低负荷下两种工作时间消耗。

1）正常负荷下的工作时间，是指机械在与机械说明书规定负荷相符的正常负荷下进行工作的时间。

2）降低负荷下的工作时间，是指由于施工管理人员或工人的过失以及机械陈旧或发生故障等原因，使机械在降低负荷的情况下进行工作的时间。

（2）不可避免的无负荷工作时间

不可避免的无负荷工作时间是指由于施工过程的特性和机械结构的特点所造成的机械无负荷工作的时间，一般分为循环的和定时的两类。

1）循环的无负荷工作时间，是指由于施工过程的特性所引起的空转所消耗的时间。它在机械工作的每一个循环中重复一次。如，铲运机返回到铲土地点。

2）定时的无负荷工作时间，是指发生在载重汽车或挖土机等的工作台中的无负荷工作时间。如，工作班开始和结束时来回无负荷的空行或工作地段转移所消耗的时间。

（3）不可避免的中断时间

不可避免的中断时间是由于施工过程的技术和组织的特征造成的机械工作中断时间。

1）与操作有关的中断时间。通常有循环的和定时的两种。循环的是指在机械工作的每一个循环中重复一次，如汽车装载、卸货的停歇时间。定时的是指经过一定时间重复一次，如喷浆器喷白，从一个工作地点转移到另一个工作地点时，喷浆器工作的中断时间。

2）与机械有关的中断时间。这是指用机械进行工作，人在准备与结束工作时使机械暂停的中断时间，或者在维护保养机械时必须使其停转所发生的中断时间。前者属于准备与结束工作的不可避免的中断时间；后者属于定时的不可避免的中断时间。

3）工人休息时间。这是指工人必需的休息时间。

2. 损失时间（非定额时间）

（1）多余或偶然的工作时间

多余或偶然的工作有两种情况：一是可避免的机械无负荷工作，是指工人没有及时供给机械用料引起的空转。二是机械在负荷下所做的多余工作，如搅拌混凝土时超过规定的搅拌时间，即属于多余工作时间。

（2）停工时间

按其性质又分为以下两种：

1）施工本身造成的停工时间。指由于施工组织不善引起的机械停工时间，如临时没有工作面，未能及时供给机械用水、燃料和润滑油，以及机械损坏等引起的机械停工时间。

2）非施工本身造成的停工时间。由于外部的影响引起的机械停工时间，如水源、电源中断（不是由于施工原因），以及气候条件（暴雨、冰冻等）的影响而引起的机械停工时间。

（3）违反劳动纪律时间

由于工人违反劳动纪律而引起的机械停工时间。

2.5.3 机械台班消耗定额的表现形式

施工机械台班消耗定额的概念及编制步骤

机械台班消耗定额的表现形式，有时间定额和产量定额两种。

1. 机械时间定额

在正常的施工条件和合理的劳动组织下，完成单位合格产品所必须消耗的机械台班数量。用公式表示如下：

$$机械时间定额＝\frac{1}{机械台班产量定额} \tag{2-41}$$

2. 机械台班产量定额

在正常的施工条件和合理的劳动组织下，在一个台班时间内必须完成的单位合格产品的数量。用公式表示如下：

$$机械台班产量定额＝\frac{1}{机械时间定额} \tag{2-42}$$

所以，机械时间定额和机械台班产量定额之间互为倒数。

即机械时间定额×机械台班产量定额＝1。

3. 机械台班人工配合定额

由于机械必须由工人配合，机械台班人工配合定额是指机械台班配合用工部分，即机械和人工共同工作时的人工定额。用公式表示如下：

$$时间定额 = \frac{机械台班内工人的总工日数}{机械的台班产量} \tag{2-43}$$

$$机械台班产量定额 = \frac{机械台班内工人的总工日数}{机械时间定额} \tag{2-44}$$

例 2-14 用塔式起重机安装某混凝土构件，由 1 名吊车司机、6 名安装起重工、3 名电焊工组成的小组共同完成。已知机械台班产量定额为 50 根。试计算吊装每一根构件的机械时间定额、人工时间定额和台班产量定额（人工配合）。

解 （1）吊装装配每一根混凝土构件的机械时间定额 $= \dfrac{1}{机械台班产量定额} = \dfrac{1}{50} = 0.02$ 台班/根

（2）吊装每一根构件的人工时间定额 $= \dfrac{1+6+3}{50} = 0.2$ 工日/根

（3）台班产量定额（人工配合）$= \dfrac{1}{0.2} = 5$ 根/工日

2.5.4 机械台班定额的编制

1. 拟定机械工作的正常施工条件

机械工作与人工操作相比，其劳动生产率与其施工条件密切相关，拟定机械施工条件，主要是拟定工作地点的合理组织和合理的工人编制。

（1）拟定工作地点的合理组织

拟定工作地点的合理组织就是对施工地点机械和材料的放置位置、工作操作场所作出科学合理的布置和空间安排，尽可能做到最大限度地发挥机械的效能，减少工人的劳动强度与时间。

（2）拟定合理的工人编制

拟定合理的工人编制就是根据施工机械的性能和设计能力、工人的专业分工和劳动工效，合理确定能保持机械正常生产率和工人正常的劳动工效的工人的编制人数。

2. 确定机械纯工作 1h 正常生产率

机械纯工作时间，就是指机械必须消耗的时间。机械纯工作 1h 正常生产率，就是正常施工组织条件下，具有必需的知识和技能的技术工人操纵机械工作 1h 的生产率。

根据机械工作特点的不同，机械纯工作 1h 正常生产率的确定方法也有所不同，经常把建筑机械分为循环动作机械和连续动作机械两种类型。

（1）循环动作机械

循环动作机械是指机械重复地、有规律地在每一周期内进行同样次序的动作。如塔式起重机、混凝土搅拌机、挖掘机等。这类机械纯工作时间正常生产率的计算公式如下：

1）机械一次循环的正常延续时间(s) $= \sum($循环各组成部分正常延续时间$)-$重叠时间

$$\tag{2-45}$$

2）机械纯工作 1h 循环次数 $= \dfrac{60 \times 60(s)}{一次循环的正常延续时间(s)} \tag{2-46}$

3）机械纯工作 1h 正常生产率 = 机械纯工作 1h 正常循环次数 × 一次循环生产的产品数量

$$\tag{2-47}$$

（2）连续动作机械

连续动作机械是指机械工作时无规律性的周期界线，是不停地做某一种动作，如皮带运输机等。

其纯工作 1h 的正常生产率计算公式如下：

$$连续动作机械纯工作 1h 正常生产率 = \frac{工作时间内生产的产品数量}{工作时间（h）} \qquad (2\text{-}48)$$

式中工作时间内的产品数量和工作时间的消耗，要通过多次现场观察和机械说明书来取得数据。

3. 确定机械的正常利用系数

机械的正常利用系数是指机械在工作班内对工作时间的利用率。机械的利用系数和机械在工作班内的工作状况有着密切的关系，其计算公式如下：

$$机械正常利用系数 = \frac{机械在一个工作班内纯工作时间（h）}{一个工作班延续时间（h）} \qquad (2\text{-}49)$$

4. 计算机械台班消耗定额

机械台班消耗定额采用下列公式来计算：

$$施工机械台班产量定额 = 机械纯工作 1h 正常生产率 \times 工作班纯工作时间$$
$$= 机械纯工作 1h 正常生产率 \times 工作延续时间$$
$$\times 机械正常利用系数 \qquad (2\text{-}50)$$

$$机械时间定额 = \frac{1}{机械台班产量定额}$$

例 2-15 某沟槽采用挖斗容量为 0.5m³ 的反铲挖掘机挖土，已知该挖掘机铲斗充盈系数为 1.0，每循环 1 次时间为 2min，机械利用系数为 0.85。试计算该挖掘机台班产量定额。

解 （1）机械一次循环时间为 2min。

（2）机械纯工作 1h 循环次数为 $\frac{60}{2} = 30$ 次。

（3）机械纯工作 1h 正常生产率 $= 30 \times 0.5 \times 1 = 15\text{m}^3/\text{h}$。

（4）机械正常利用系数 $= 0.85$。

（5）挖掘机台班产量 $= 15 \times 8 \times 0.85 = 102\text{m}^3/$台班。

例 2-16 某工程基础土方地槽长为 255m，槽底宽为 2.8m，设计室外地坪标高为 -0.30m，槽底标高为 -2.2m，无地下水，放坡系数为 0.33，地槽两端不放坡，采用挖斗容量为 0.5m³ 的反铲挖掘机挖土，载重量为 5t 的自卸汽车将开挖土方量的 55% 运走，运距为 4km，其余土方量就地堆放。经测试的有关技术数据如下：

（1）土的松散系数为 1.2，松散状态密度为 1.60t/m³；

（2）挖掘机的铲斗充盈系数为 1.0，每循环 1 次时间为 3min，机械时间利用系数为 0.90；

（3）自卸汽车每一次装卸往返时间需 30min，时间利用系数为 0.85。

（备注：时间利用系数仅限于计算台班产量时使用。）

试求：

（1）该工程地槽土方工程开挖量为多少？

（2）所选挖掘机、自卸汽车的台班产量是多少？

（3）所需挖掘机、自卸汽车各多少台班？

（4）如果要求在8d内完成挖土方工作，至少需要多少台挖掘机和自卸汽车？

解　（1）该工程地槽土方工程开挖量

$$V=(B+KH) \cdot H \cdot L$$

$$H=2.2-0.3=1.9m$$

$$V=(2.8+0.33 \times 1.9) \times 1.9 \times 255=1660.38m^3$$

（2）挖掘机、自卸汽车台班产量定额

1）$0.5m^3$ 反铲挖掘机

每小时循环次数：$60 \div 3=20$ 次

每小时劳动生产率：$20 \times 0.5 \times 1=10m^3/h$

每台班产量定额：$10 \times 8 \times 0.9=72m^3/$台班

2）5t自卸汽车

每小时循环次数：$60 \div 30=2$ 次

每小时劳动生产率：$2 \times 5 \div 1.60=6.25m^3/h$

每台班产量定额：$6.25 \times 8 \times 0.85=42.50m^3/$台班

或按自然状态土体积计算每台班产量：$6.25 \times 8 \times 0.85 \div 1.20=35.42m^3/$台班

（3）所需挖掘机、自卸汽车台班数量

1）挖掘机台班数：$1660.38 \div 72=23.06$ 台班

2）自卸汽车台班数：$1660.38 \times 55\% \times 1.2 \div 42.50=25.78$ 台班

或　　　　　　　　　　$1660.38 \times 55\% \div 35.42=25.78$ 台班

（4）8d完成土方工作的机械配备量

1）挖掘机台数：$23.06 \div 8=2.88$ 台　　　　　　　　取3台

2）自卸汽车台数：$25.78 \div 8=3.22$ 台　　　　　　　取4台

例2-17　砌筑一砖半墙的技术测定资料如下：

（1）完成$1m^3$砖砌体需基本工作时间15.8h，辅助工作时间占工作延续时间的5%，准备与结束工作时间占3%，不可避免的中断时间占2%，休息时间占15%。

（2）砖墙采用M5水泥砂浆，实体积与虚体积之间的折算系数为1.07，砖和砂浆的损耗率均为1%，完成$1m^3$砌体需耗水$0.85m^3$，其他材料费占上述材料费的2%。

（3）砂浆用200L搅拌机现场搅拌，运料需185s，装料需60s，搅拌需85s，卸料需35s，不可避免的中断时间10s。搅拌机制投料系数为0.80，机械利用系数为0.85。

试确定砌筑$1m^3$砖墙的人工、材料、机械台班消耗量定额。

解　（1）人工消耗定额

$$时间定额=\frac{15.8}{(1-5\%-3\%-2\%-15\%) \times 8}=2.63 工日/m^3$$

$$产量定额=\frac{1}{时间定额}=\frac{1}{2.63}=0.38m^3/工日$$

（2）材料消耗定额

$1m^3$一砖半墙的净用量

$$=\left[\frac{1}{(砖长+灰缝) \times (砖厚+灰缝)}+\frac{1}{(砖宽+灰缝) \times (砖厚+灰缝)}\right]$$

$$\times \frac{1}{\text{砖长} + \text{砖宽} + \text{灰缝}}$$

$$= \left[\frac{1}{(0.24+0.01) \times (0.053+0.01)} + \frac{1}{(0.115+0.01) \times (0.053+0.01)} \right]$$

$$\times \frac{1}{0.24+0.115+0.01} = 522 \text{ 块}$$

$$\text{砖的消耗量} = 522 \times (1+1\%) = 527 \text{ 块}$$

$$1\text{m}^3 \text{ 一砖半墙砂浆净用量} = (1 - 522 \times 0.24 \times 0.115 \times 0.053) \times 1.07 = 0.253\text{m}^3$$

$$\text{砂浆消耗量} = 0.253 \times (1+1\%) = 0.256\text{m}^3$$

水用量 0.85m^3

(3) 机械台班消耗定额

首先确定搅拌机循环一次所需时间:

由于运料时间 185s

装料、搅拌、出料和不可避免的中断时间之和 $= 60 + 85 + 35 + 10 = 190\text{s}$

所以搅拌机循环一次所需时间为190s。

搅拌机的净工作1h的生产率: $60 \times 60 \div 190 \times 0.2 \times 0.80 = 3.03\text{m}^3$

搅拌机的台班产量定额 $= 3.03 \times 8 \times 0.85 = 20.60\text{m}^3/\text{台班}$

1m^3 一砖半墙机械台班消耗量 $= 1 \div 20.60 = 0.049$ 台班$/\text{m}^3$

例 2-18 某现浇框架结构房屋的二层层高为4.50m,各柱与柱中心线之间距离为6.00m,且各柱梁截面统一,柱为500mm×500mm,梁为250mm×600mm,混凝土为C20,采用出料容积为400L的混凝土搅拌机现场搅拌。设计室内地坪±0.000m,柱基顶面标高−1.50m,框架间为空心砌块墙。相关技术资料测定如下:

(1) 上述搅拌机每一次搅拌循环,装料55s,搅拌140s,卸料40s,不可避免的中断15s,机械利用系数为0.8,混凝土损耗率为1.5%。

(2) 砌筑1m^2空心砌块墙要消耗基本工作时间35min,辅助时间占工作延续时间的6%,不可避免的中断时间占基本工作时间的3%,休息时间占基本工作时间的4%。

试计算:

(1) 一跨框架梁柱的工程量、混凝土总用量、需混凝土搅拌机台班数量?

(2) 完成一跨框架填充墙砌筑需多少工日?

解 (1) 问题1

1) 梁柱的工程量:

①柱 $0.5 \times 0.5 \times (4.5+1.5) \times 2 = 3.00\text{m}^3$

②梁 $0.25 \times 0.6 \times (6-0.5) = 0.83\text{m}^3$

2) 混凝土总用量: $(3.00+0.83) \times (1+1.5\%) = 3.89\text{m}^3$

3) 混凝土搅拌机数量:

$$\text{一次循环持续时间} = 55 + 140 + 40 + 15 = 250\text{s}$$

$$\text{每小时循环次数} = 60 \times 60 \div 250 = 14.4 \text{ 次}$$

$$\text{每台班产量定额} = 14.4 \times 0.4 \times 8 \times 0.8 = 36.86\text{m}^3/\text{台班}$$

$$\text{每}1\text{m}^3 \text{混凝土时间定额} = 1 \div 36.86 = 0.027 \text{ 台班}/\text{m}^3$$

$$\text{需混凝土搅拌机台班数} = 0.027 \times 3.89 = 0.105 \text{ 台班}$$

（2）问题 2

$$砌块墙面积\ S＝(4.5－0.6)×(6－0.5)＝21.45m^2$$

$$每砌\ 1m^2\ 墙时间＝\frac{35×(1＋3\%＋4\%)}{1－6\%}＝39.84min$$

$$时间定额＝39.84÷(60×8)＝0.083\ 工日/m^2$$

$$砌筑填充墙需人工工日数＝21.45×0.083＝1.78\ 工日$$

思 考 题

1. 什么是劳动消耗定额？劳动定额最基本的表现形式有哪几种？它们之间的关系是什么？

2. 什么叫施工过程？施工过程如何分类？

3. 施工过程如何划分？请举实例说明。

4. 工人工作时间如何分类？它们的大小各与哪些因素相关？

5. 什么叫计时观察法？在施工中运用计时观察法的主要目的是什么？它适用于研究什么施工过程的工时消耗？

6. 计时观察法有哪几种类型？试述它们各自的特点、步骤和适用范围。

7. 制定人工定额消耗量有哪几种方法？试述它们各自的特点。

8. 有工时消耗统计数组：35、40、60、55、65、65、50、40、90、55。试求平均先进值。

9. 上题的统计数组如为产量消耗，试求平均先进值。

10. 现行《全国统一建筑安装工程劳动定额》属于什么标准，它由哪几部分组成？

11. 现行《全国统一建筑安装工程劳动定额》中的定额时间由哪些部分组成？

12. 某人工挖土方测时资料表明，挖 $1m^3$ 土需消耗基本工作时间 65min，辅助工作时间占工作延续时间的 4%，准备与结束时间、不可避免的中断时间、休息时间分别占工作延续时间的比例为 1%、1%、20%。试计算挖土项目的时间定额和产量定额。

13. 某工程有 $150m^3$ 的标准基础，每天有 25 名专业工人投入施工，时间定额为 0.937 工日/m^3。试计算完成该项工程的施工天数。

14. 在确定人工定额消耗量时，影响工时消耗的因素有哪些？

15. 什么是材料消耗定额？它有哪几种编制方法？

16. 试计算 3/4 标准砖外墙每 $1m^3$ 砌体砖和砂浆的消耗量。

17. 机械工作时间如何分类？

18. 什么是机械台班消耗定额？它有几种表现形式？

19. 试述机械台班定额消耗量确定方法。

20. 钢筋混凝土圈梁按选定的模板设计图纸，每 $10m^3$ 混凝土模板接触面积 $98m^2$，每 $10m^2$ 接触面积需木方板材 $0.751m^3$，损耗率为 5%，周转次数 8，每次周转补损率为 10%。试计算模板摊销量。

21. 什么叫材料的定额损耗量？它主要包括哪些损耗？如何计算？

22. 某工程现场采用 500L 的混凝土搅拌机，每一次循环中需要的时间分别为：装料 1min、搅拌 4min、卸料 1.5min、中断 1min，机械正常利用系数为 0.85。试计算该搅拌机的台班产量。

23. 已知完成某项任务的先进工时消耗为 10h，保守的工时消耗为 16h，一般的工时消耗为 12h。试问：①如果要求在 13h 内完成，其完成任务的可能性有多少？②要使完成任务的可能性为 90%，可下达的工时定额应是多少？

24. 某工程现捣钢筋混凝土矩形柱，设计断面为 400mm×500mm，已计算得出模板工程量为 $55m^2$，每天由 30 名专业工人投入施工。试计算完成柱模板安装需要的施工天数。

25. 墙面砖规格为 240mm×60mm×6mm，灰缝为 5mm，其损耗率为 1.5%，试计算 $100m^2$ 墙面的

墙面砖消耗量。

26. 试计算每1m³的混合砂浆1∶1∶4水泥、石灰、砂的材料消耗量。已知砂密度2650kg/m³，砂表密度1600kg/m³，水泥密度1200kg/m³，砂损耗率为2%，水泥、石灰膏损耗率各为1%。

27. 砌筑1砖墙的技术测定资料如下：

(1) 完成1m³的砖墙需基本工作时间15.5h，辅助工作时间占工作班延续时间的3%，准备与结束工作时间占3%，不可避免的中断时间占2%，休息时间占16%。

(2) 砖墙采用M5水泥砂浆，实体积与虚体积之间的折算系数为1.07，砖和砂浆的损耗率均为1%，完成1m³砌体需耗水0.8m³，其他材料费占上述材料费的2%。

(3) 砂浆采用400L搅拌机现场搅拌，运料需要200s，装料50s，搅拌80s，卸料30s，不可避免的中断10s，机械利用系数0.8。

试计算砌筑1m³砖墙的人工、材料、机械台班消耗量。

28. 某现浇框架建筑的二层层高为4.0m，各方向的柱距均为6.6m，且各柱梁断面均统一，柱为450mm×450mm，梁为400mm×600mm，混凝土为C25，采用出料容积为400L的混凝土搅拌机现场搅拌。框架间为空心砌块墙。

技术测定资料如下：

(1) 上述搅拌机每一次搅拌循环：①装料50s；②运行180s；③卸料40s；④中断20s。机械利用系数为0.9。定额混凝土损耗率为1.5%。

(2) 砌筑空心砌块墙，辅助工作时间占工作延续时间的7%，准备与结束工作时间占5%，不可避免的中断时间占2%，休息时间占3%，完成1m²砌块墙要消耗基本工作时间40min。

问题：

(1) 第二层1跨框架梁的工程量、混凝土用量、需混凝土搅拌机多少台班？

(2) 第二层1跨框架填充砌块墙（无洞口）砌筑需多少工作日？

自 测 题

一、单项选择题

1. 工作过程是同一工人或小组所完成的在技术操作上相互有机联系的（　　）综合体。

A　工序　　　　　　B　动作　　　　　C　操作　　　　　　D　工艺

2. 在用计时观察法编制施工定额时，（　　）是主要的研究对象。

A　操作　　　　　　B　工序　　　　　C　工作过程　　　D　综合工作过程

3. 砌砖时的取砖、铺砖、找平等属于（　　）。

A　施工动作　　　　　　　　　B　施工操作

C　工作过程　　　　　　　　　D　施工过程

4. 混凝土调制、运送、浇灌和捣实等属于（　　）。

A　工作过程　　　　　　　　　B　工序

C　施工操作　　　　　　　　　D　综合工作过程

5. 在施工中，由于砖层垒砌不正确而加以更新所消耗的时间应该属于（　　）。

A　基本工作时间　　　　　　　B　辅助工作时间

C　多余工作时间　　　　　　　D　施工本身造成的停工时间

6. 当产量增加10%时，时间定额为（　　）。

A　增加10%　　　　　　　　　B　减少10%

C　增加9.1%　　　　　　　　　D　减少9.1%

7. 下列方法中属于研究整个工作班内各种工时消耗的方法是（　　）。

A　测时法　　　　　　　　　　B　写实记录法

C 工作日写实法　　　　　　　　D 动作研究法

8. 主要适用于测定定时重复的循环工作工时消耗的计时观察法是（　　）。

A 测时法　　　　　　　　　　　B 写实记录法

C 实验室试验法　　　　　　　　D 工作日写实法

9. 建筑工程中必须的材料消耗中不包括（　　）。

A 直接用于建筑工程的材料

B 不可避免的施工废料

C 不可避免的场外运输损耗材料

D 不可避免的材料损耗

10. 施工机械工作时间的中不可避免的无负荷工作时间应属于（　　）。

A 停工时间　　　　　　　　　　B 不可避免的中断时间

C 必需消耗的时间　　　　　　　D 有效工作时间

11. （　　）用来对整个工作班或半个工作班进行长时间观察。

A 测时法　　　　　　　　　　　B 混合法

C 图示法　　　　　　　　　　　D 数示法

12. 工人在正常施工条件下，为完成一定产品或工作任务所消耗的时间称为（　　）。

A 工作过程　　　　　　　　　　B 产量定额的时间

C 劳动定额的时间　　　　　　　D 施工定额的时间

13. 由于机械保养而中断的时间属于（　　）时间。

A 有效工作时间　　　　　　　　B 多余工作时间

C 不可避免的中断时间　　　　　D 停工时间

14. 具有技术简便、费时不多、应用面广和资料全面的优点，且在我国广泛使用的计时观测方法是（　　）。

A 测时法　　　　　　　　　　　B 写实记录法

C 工作日写法　　　　　　　　　D 混合法

二、多项选择题

1. 工序是指组织上分不开、技术上相同的施工过程，其特征是（　　）均不发生变化。

A 工人编制　　　　　　　　　　B 工作地点

C 机具　　　　　　　　　　　　D 材料

E 工作过程

2. 根据施工过程中组织上的复杂程度，可将施工过程分为（　　）。

A 工序　　　　　　　　　　　　B 工作过程

C 综合工作过程　　　　　　　　D 动作

E 操作

3. 施工过程的影响因素有（　　）。

A 技术因素　　　　　　　　　　B 组织因素

C 工艺因素　　　　　　　　　　D 自然因素

E 材料因素

4. 运用工作日写实法可以达到（　　）目的。

A 取得编制定额的基础资料

B 进行工作时间的分类

C 检查定额执行情况，找出问题，改进工作

D 对施工过程研究

E 找出工时损失的原因和研究缩短工时，减少损失的可能性

5. 属于写实记录法的是（　　　）。

A 数示法 　　　　　　　　　　B 图示法

C 混合法 　　　　　　　　　　D 连续测时法

E 选择测时法

6. 机械台班定额时间中，不可避免的中断时间包括（　　　）。

A 施工本身造成的中断时间

B 因气候条件引起的中断时间

C 与工艺过程特点有关的中断时间

D 与机械保养有关的中断时间

E 工人正常休息时间

7. 制定劳动定额遵循平均先进原则必须处理好（　　　）的关系。

A 数量与质量 　　　　　　　　B 合理的劳动组织

C 合理的项目划分 　　　　　　D 明确劳动手段和劳动对象

E 明确计算方法的章节编排

8. 与完成工作量大小有关的时间有（　　　）。

A 准备与结束时间 　　　　　　B 基本工作时间

C 辅助工作时间 　　　　　　　D 休息时间

E 不可避免的中断时间

三、计算题

1. 砖筑 1 砖半砖墙的技术测定资料如下：

1）完成 1m³ 的砖墙需基本上工作时间 15.5h。辅助工作时间占工作班延续时间的 3％，准备与结束工作时间占 3％，不可避免的中断时间占 2％，休息时间 16％。

2）砖墙采用 M5 水泥砂浆，实体积与虚体积之间的折算系数为 1.07，砖和砂浆的损耗率均为 1％，完成 1m³ 砌体需耗水 0.8m³，其他材料费占上述材料费的 2％。

3）砂浆采用 400L 搅拌机现场搅拌，运料需要 200s，装料 50s，搅拌 80s，卸料 30s，不可避免的中断 10s，机械利用系数 0.8。

试计算砌筑 1m³ 砖墙的人工、材料、机械台班消耗量。

2. 某工程雨篷如图 2-9 所示，已知该雨篷钢筋用量为：Φ14　40kg，Φ10　20kg，Φ6　15kg（不包括梁）。

试根据劳动定额求完成该雨篷支模、扎筋、捣混凝土所需时间。

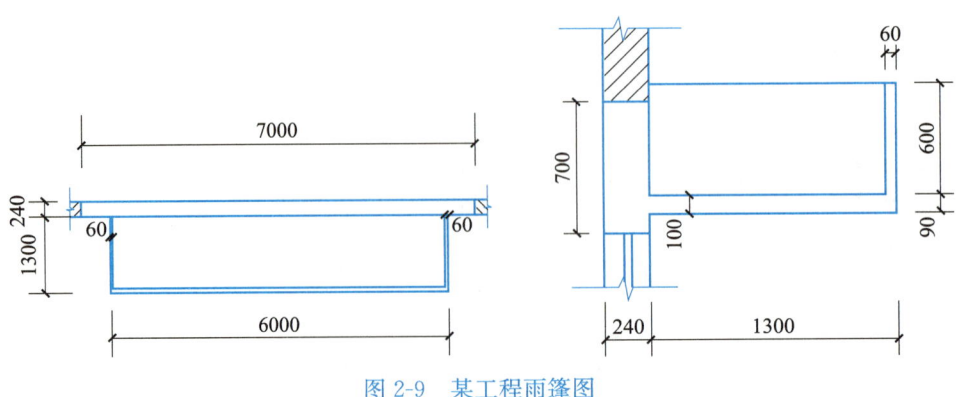

图 2-9　某工程雨篷图

3 企 业 定 额

3.1 概　　述

企业定额

　　随着《中华人民共和国招标投标法》《建设工程工程量清单计价规范》的先后颁布实施，我国建设工程计价模式正由原来的"政府统一价格"向"控制量、指导价、竞争费"方向转变，并最终达到"政府宏观调控、企业自主报价、市场形成价格、政府全面监督"的改革目标。建筑施工企业为适应工程计价的改革，就必须更新观念，未雨绸缪，适应环境，以市场价格为依据形成建筑产品价格，按照市场经济规律建立符合企业自身实际情况和管理要素的有效价格体系，而这个价格体系中的重要内容之一就是"企业定额"。

3.1.1 企业定额的概念

　　企业定额是企业根据自身的经营范围、技术水平和管理水平，在一定时期内完成单位合格产品所必需的人工、材料、施工机械的消耗量以及其他生产经营要素消耗的数量标准。

　　建筑产品价格与工程量、计价基础之间存在着密切关系，当工程量已定，那么决定建筑产品价格的重要因素就是计价基础——定额或标准。预算定额是按社会必要劳动量原则确定了生产要素的消耗量，确定了定额的"量"；由于这种"量"是按社会平均确定的，故它决定了完成单位合格产品的生产要素消耗量是一个社会平均消耗，在这种情况下，它对企业来说仅为参考定额。即使人工、材料、机械台班的价格在市场要求非常到位的情况下，其所确定的建筑产品价格，也只是代表企业平均水平的社会生产价格。这种价格，用于投标报价，就等于让建筑产品的每一次具体交换，都使其价格与社会生产价格相符。它不仅淡化了价格机制在建筑市场中的调节作用，而且还因价格触角缺乏灵敏度从而导致企业按市场机制运作能力的退化，不利于企业的发展。企业定额则是按建筑企业自身的生产消耗水平、施工对象和组织管理水平等特点，来确定定额的"量"；由市场实际和企业自身采购渠道来确定与"量"对应的人工单价、材料价格和机械台班价格，进而确定定额的"价"。这样就可以保证施工企业按个别成本自主报价，也符合了市场经济，特别是我国

"入世"后竞争形势的客观要求。企业定额反映的是企业施工生产与生产消费的数量关系，不仅能体现企业个别的劳动生产率和技术生产装备水平，同时也是衡量企业管理水平的标尺，是企业加强集约经营、精细管理的前提和主要手段。

作为企业定额，一般应具备以下特点：

（1）水平先进性。其人工、材料、机械台班及其他各项消耗应低于社会平均劳动消耗量，才能保证企业在竞争中取得先机。

（2）技术优势性。其内容必须体现企业自身在技术上的某些特点和优势。

（3）管理优胜性。其编制过程与依据应表现企业在组织管理方面的特长和优势。

（4）价格动态性。其价格应反映企业在市场操作过程中能取得的实际价格。

3.1.2　企业定额的作用

企业定额作为企业内部生产管理的标准文件，是建筑施工企业生产经营活动的基础，是组织和指挥生产的有效工具，是企业进行编制工程投标报价的依据，是优化施工组织设计的依据，是企业成本核算、经济指标测算及考核的依据，是计算工人劳动报酬的依据，是专业分包计价的依据。

1. 企业定额在工程量清单计价中的作用

为适应我国建筑市场的发展，同时与国际建筑市场的接轨，2013年，住房和城乡建设部发布了《建设工程工程量清单计价规范》GB 50500—2013（以下简称《计价规范》），《计价规范》是建设工程在招标投标工作中，由招标人按照《计价规范》中统一的工程量计算规则提供工程量清单，由投标人对各项工程量清单自主报价，经评审合理报价的企业为中标企业的工程造价计价模式。因此，工程量清单计价为企业在工程投标报价中进行自主报价提供了相对自由宽松的环境，在这种环境下，企业定额是企业投标时自主报价的基础和主要依据。

在确定工程投标报价时，第一，要根据企业定额，结合当地物价水平、劳动力价格水平、设备购置与租赁、施工组织方案、现场环境等因素计算出本企业拟完成投标工程的基础报价；第二，要根据企业的其他生产经营要素测算管理费，并按相关规定计算相关规费、税金等；第三，要根据政府政策要求、招标文件中合同条件、发包方信誉及资金实力等客观条件确定在该工程上拟获得的利润，以及预计的工程风险和其他应考虑的因素，从而确定投标报价。按以上三个要点，投标企业依据企业定额进行各分项工程量清单的组价，汇总各工程量清单单价，形成投标报价。

2. 企业定额在合理低价中标中的作用

在工程招标投标活动中，有些招标单位采用合理低价中标法选择承包方占的比重很大，评标中规定：除承包方资信、施工方案满足招标工程要求外，工程投标报价将作为主要竞争内容，应选择合理低价的单位为中标单位。

企业在参加投标时，首先根据企业定额进行工程成本预测，通过优化施工组织设计和高效的管理，将竞争费用中的工程成本降到最低，从而确定工程最低成本价；其次依据测定的最低成本价，结合企业内外部客观条件、所获得的利润等报出企业能够承受的合理最低价。以企业定额为基础参与低价中标的投标活动，可避免盲目降价导致报价低于工程成本继而中标后出现成本亏损现象的发生。

国外许多工程招标均采用合理低价法，企业定额也可作为企业参与国外工程项目投标报价的依据。

3. 企业定额在企业管理中的作用

施工企业项目成本管理是指施工企业对项目发生的实际成本通过预测、计划、核算、分析、考核等一系列活动，在满足工程质量和工期的条件下采取有效的措施，不断降低成本，达到成本控制的预期目标。目前许多施工企业实行了项目经理责任制，因此企业定额就成为实现项目成本管理目标的基础和依据。

项目部责任目标的实现，一方面是以企业定额为依据参加投标报价中标的工程，其工程造价已按企业定额确定，也就是固定价合同。因此在确定收入前提下，如何控制成本支出成为管理的重点。项目部应以企业定额为标准，将构成工程成本中人工、材料、机械和现场各项费用的支出，分别制定计划，按照作业计划下达施工任务书和限额领料单来组织和指挥施工队进行施工，对超企业定额用量的应及时采取措施进行控制。企业定额在项目管理中的应用，可以起到控制成本、降低费用开支的作用，同时也为企业加强项目核算和增加盈利创造了良好的条件。另一方面是采用企业定额投标的项目，企业定额在项目管理中除上述作用外，还是企业对项目进行责任目标下达、实施项目过程控制和项目终结考核兑现的依据。

在企业日常管理中，以企业定额为基础，通过对项目成本预测、过程控制和目标考核的实施，可以核算实际成本与计划成本的差额，分析原因，总结经验，不断促进和提升企业的总体管理水平，同时这些管理办法的实施也对企业定额的修改和完善起着重要的作用。所以企业应不断积累各种结构形式下成本要素的资料，逐步形成科学合理，且能代表企业综合实力的企业定额体系。

从本质上讲，企业定额是企业综合实力和生产、工作效率的综合反映。企业综合效率的不断增长，还依赖于企业营销与管理艺术和技术的不断进步，反过来又会推动企业定额水平的不断提高，形成良性循环，企业的综合实力也会不断地发展和进步。

4. 企业定额有利于建筑市场健康和谐发展

施工企业的经营活动应通过项目的承建，谋求质量、工期、信誉的最优化。唯有如此，企业才能走向良性循环的发展道路，建筑业也才能走向可持续发展的道路。企业定额的应用，促使企业在市场竞争中按实际消耗水平报价。这就避免了施工企业为了在竞标中取胜，无节制地压价、降价，造成企业效率低下、生产亏损、发展滞后现象的发生，也避免了业主在招标中滋生腐败的行为。在我国现阶段建筑业计划经济向市场经济转变的时期，企业定额的编制和使用一定会对规范发包、承包行为，对建筑业的可持续发展，产生深远和重大的影响。

企业定额适应了我国工程造价管理体系和管理制度的变革，是实现工程造价管理改革最终目标不可或缺的一个重要环节。以各自的企业定额为基础按市场价格作出报价，就能真实地反映出企业成本的差异，在施工企业之间形成实力的竞争，从而真正达到市场形成价格的目的。因此，可以说企业定额的编制和运用是我国工程造价领域改革关键而重要的一步。

3.1.3　企业定额的编制原则

施工企业编制企业定额，纵向应该根据企业实际情况坚持既要结合历年定额水平，又要放眼企业今后的发展趋势；横向与国内外建筑市场相适应，按市场经济规律办事，特别应注意与《建设工程工程量清单计价规范》衔接。具体就施工企业编制企业定额而言，不但要与历史水平相比，还要与客观实际相比，要使本企业在正常经营管理情况下，经过努力和改进，可以达到定额水平。

1. 先进性原则

我国现行《房屋建筑与装饰工程消耗量定额》是以正常的施工条件，多数建筑施工企业的施工机械装备程度，合理的施工工期、施工工艺、劳动组织为基础编制的，它反映了社会平均消耗水平标准；而企业定额水平反映的是在一定的生产经营范围内、在特定的管理模式和正常的施工条件下，某一施工企业的项目管理部经合理组织、科学安排后，生产者经过努力能够达到和超过的水平。这种水平既要在技术上先进，又要在经济上合理可行，是一种可以鼓励中间、鞭策落后的定额水平，这种定额水平的制定将有利于企业降低人工、材料、机械的消耗，有利于提高企业管理水平和获取最大的利益，而且，还能够正确地反映比较先进的施工技术和施工管理水平，以促进新技术、新材料、新工艺在施工企业中的不断推广应用和施工管理的日益完善。同时企业定额还应包括传统预算定额中包含的合理的幅度差等可变因素。其总体水平应超过或高于社会平均消耗水平。

2. 适用性原则

企业定额作为企业投标报价和工程项目成本管理的依据，在编制企业定额时，应根据企业的经营范围、管理水平、技术实力等合理地进行定额的选项及其内容的确定。在编制选项思路上，应与国家标准《房屋建筑与装饰工程工程量计算规范》中的项目编码、项目名称、计量单位等保持一致和衔接，这样既有利于满足清单模式下报价组价的需要，也有利于借助国家规范尽快建立自己的定额标准，更有利于企业个别成本与社会平均成本的比较分析。对影响工程造价主要、常用的项目，在选项上应比传统预算定额更详尽具体。如：钢筋混凝土工程中，可将混凝土浇筑按其运输方式不同分为卷扬机和塔式起重机；钢筋制作绑扎可按不同规格、材质分别列项等；对一些次要的、价值小的项目在确保定额通用性的同时尽量综合，便于以后定额的日常管理。适用性原则还体现在，企业定额设置应简单明了、便于使用，同时满足项目劳动组织分工、项目成本核算和企业内部经济责任考核等方面的需求。

3. 量价分离的原则

企业定额中形成工程实体的项目实行固定量、浮动价和规定费的动态管理计价方式。企业定额中的消耗量在一定条件下是相对固定的，但不是绝对的永恒，企业发展的不同阶段企业定额中有不同的定额消耗量与之相适应，同时企业定额中的人工、材料、机械价格以当期市场价格计入；组织措施费根据企业内部有关费用的相关规定、具体施工组织设计及现场发生的相关费用进行确定；技术措施性费用项目（如脚手架、模板工程等）应以固定量、不计价的不完全价格形式体现，这类项目在具体工程项目中可根据工程的不同特点和具体施工方案，确定一次投入量和使用期进行计价。如：周转材料租赁费＝工程量×定额一次使用量×一次使用期×租赁单价。

4. 独立自主编制原则

施工企业作为具有独立法人地位的经济实体，应根据企业的实际情况，结合政府的价格政策和产业导向，根据企业的运行体制和管理环境等独立自主地确定定额水平，划分定额项目，补充新的定额子目。在推行工程量清单计价的环境下，应注意在计算规则、项目划分和计量单位等方面与国家相关规定保持衔接。

5. 快捷性原则

定额数据种类广、数据量大，在编制过程中应充分利用计算机技术的实时响应、存储量大、计算准确快捷等优势，完成原始数据资料的收集、整理、分析及后期数据的合成、更新等任务。实践证明，利用信息化技术建立起完善的工程测算信息系统是企业定额编制工作准确快捷和顺利进行的有力保证。

6. 动态性原则

当前建筑市场新材料、新工艺层出不穷，施工机具及人工市场变化也日新月异，同时，企业作为独立的法人盈利实体，其自身的技术水平在逐步提高，生产工艺在不断改进，企业的管理水平也在不断提升。所以企业定额应与企业实时的技术水平、管理水平和价格管理体系保持同步，应当随着企业的发展而不断得到补充和完善。

3.1.4　企业定额的编制依据

企业定额的编制依据主要有：

（1）国家的有关法律、法规，政府的价格政策，现行劳动保护法律、法规；

（2）现行的建筑安装工程施工及验收规范，安全技术操作规程，国家设计规范；

（3）通用性的标准图集，具有代表性工程的施工项目；

（4）全国性或地方性消耗定额、清单计价规范、计价规则、取费标准等；

（5）企业的管理模式，技术水平，财务统计资料，工程施工组织方案，现场实际调查和测定的有关数据，工程具体结构和难易程度状况，以及采用的新工艺、新技术、新材料、新方法等。

3.1.5　企业定额编制步骤

1. 成立企业定额编制领导和实施机构

企业定额编制一般应由专业分管领导全权负责，抽调各专业骨干成立企业定额编制组（或专职部门），以公司定额编制组为主，以工程管理部、材料机械管理部、财务部、人力资源部以及各现场项目经理部配合（专业部门名称因企业不同可能有所不同）进行企业定额的编制工作，编制完成后归口部门对相关内容进行相应的补充和不断地完善。

2. 制定企业定额编制详细方案

根据企业经营范围及专业分布确定企业定额编制大纲和范围，合理选择定额各分项及其工作内容，确定企业定额各章节及定额说明，确定工程量计算规则，调整确定子目调节系数及相关参数等。

3. 明确职责，确定具体工作内容

定额编制组负责确定企业定额计算方法，测算资源消耗数量、摊销数量、损耗量，确定相关人工价格、材料价格、机械价格，汇总并完成全部定额编制文稿，测算企业定额水平，建立相应的定额消耗量库、材料库、机械台班库；工程管理部、人力资源部和材料机械管理部负责采集和整理现场资料，详细提供人工信息、机械相关参数、工序时间参数，提供临时设施、技术措施发生的费用，确定合理工期等；财务部主要负责对项目现场管理费用定额的编制，分析整理历年公司施工管理费用资料，按定额步距分别形成费用定额；各项目经理部主要负责提供现场资料，按企业定额编制组提出的要求收集本项目实际生产资料，包括人工、材料、机械以及其他现场直接费等现场实际发生的费用，资源消耗情况，劳动力分布，机械使用、能耗，同时应对收集资料的状况（环境）进行详细描述。

4. 确定人工、材料、机械台班消耗量

人工、材料、机械台班消耗量的确定是企业定额编制工作的关键和重点所在，在实际编制过程中主要采用现场观察测定法、经验统计法、定额修正法、理论计算法、造价软件法等方法。

5. 整理汇总各专业定额

各专业定额编制完成后，将定额投入实际生产活动中进行试运行，试运行期间对出现的问题及时纠正和整改，并不断完善。试运行基本稳定后由定额编制组对各专业定额进行汇总并装订成册，正式投入运行。

6. 企业定额的补充完善

企业定额的补充完善是企业定额体系中的一个重要内容，也是一项必不可少的内容。企业定额应随着企业的发展、材料的更新以及技术和工艺的提高而不断得到补充和完善。实际工作中须对企业定额进行补充完善时常见的有下列几种情形：

（1）当设计图纸中某个工程采用新的工艺和材料，而在企业定额中未编制此类项目时，为了确定工程的完整造价，就必须编制补充定额。

（2）当企业的经营范围扩大时，为满足企业经营管理的需要，就应对企业定额进行补充完善。

（3）在应用过程中，企业定额所确定的各类费用参数与实际有偏差时，需要对企业定额进行调整修改。

3.2 企业定额的编制方法

3.2.1 企业定额的组成

从内容构成上讲，企业定额一般应由工程实体消耗定额、措施性消耗定额、施工取费定额、企业工期定额等构成。

1. 工程实体消耗定额

工程实体消耗定额即构成工程实体的分部（项）工程的工、料、机的定额消耗量。实体消耗量就是构成工程实体的人工、材料、机械的消耗量，其中人工消耗量要根据企业工程的操作水平确定；材料消耗量不仅包括施工过程中的净消耗量，还应包括施工损耗；机械消耗量应考虑机械的损耗率。

2. 措施性消耗定额

措施性消耗定额即是指定额分项工程项目内容以外，为保证工程项目施工，发生于该工程施工前和施工过程中非工程实体项目的消耗量或费用开支。措施性消耗量是指为了保证工程组成施工所采用的措施的消耗，是根据工程当时当地的情况以及施工经验进行的合理配置，应包括模板的选择、配置与周转，脚手架的合理使用与搭拆，各种机械设备的合理配置等措施性项目。

3. 施工取费定额

施工取费定额即由某一自变量为计算基础的，反映专项费用企业必要劳动量水平的百分率或标准。它一般由计费规则、计价程序、取费标准及相关说明等组成。各种取费标准，是为施工准备、组织施工生产和管理所需的各项费用标准，如企业管理人员的工资、各种基金、保险费、办公费、工会经费、财务经费、经常费用等；同时也包括利润与按有关规定计算的规费和税金。

4. 企业工期定额

企业工期定额即由施工企业根据以往完成工程的实际积累参考全国统一工期定额制定的工程项目施工消耗的时间标准。它一般由民用建筑工程、工业建筑工程、其他建筑工程、分包工程工期定额及相关说明组成。

3.2.2 企业定额的编制方法

1. 现场观察测定法

现场观察测定法以研究工时消耗为对象，以观察测时为手段，通过密集抽样和粗放抽样等技术进行直接的时间研究，确定定额人工、材料、机械消耗水平。这种方法以研究消耗量为对象、观察测定为手段，深入施工现场，在项目相关人员的配合下，通过分析研究，获得该工程施工过程中的技术组织措施和人工、材料、机械消耗量的基础资料，从而确定人工、材料、机械定额消耗水平。这种方法的特点，是能够把现场工时消耗情况和施工组织技术条件联系起来加以观察、测时、计量和分析，以获得一定技术条件下工时消耗的基础资料。这种方法技术简便、应用面广、资料全面，适用于影响工程造价大的主要项目及新技术、新工艺、新施工方法的劳动力消耗和机械台班水平的测定。

例如，人工消耗量的确定：

时间定额和产量定额是人工定额的两种表现形式，算出时间定额，也就可以定出产量定额。

首先确定时间定额中的工作延续时间，其计算公式为：

$$工作延续时间＝基本工作时间＋辅助工作时间＋准备与结束工作时间$$
$$＋不可避免的中断时间＋休息时间 \tag{3-1}$$

在计算时，由于除基本工作时间外的其他时间一般用占工作延续时间的比例来表示，因此计算公式又可以改写为：

$$工作延续时间＝\frac{基本工作时间}{（1－其他工作时间占工作延续时间的比例）} \tag{3-2}$$

其次确定产量定额。其公式为：

$$产量定额＝\frac{1}{时间定额} \tag{3-3}$$

最后计算企业定额人工消耗量。其计算公式为：

$$企业定额人工消耗量＝时间定额×（1＋人工幅度差系数） \tag{3-4}$$

在确定人工消耗量时需要注意的是：在统计人工消耗量时，定额人工消耗量不应含机械工（司机）的消耗量，机械工应包含在机械消耗定额之中。

2. 经验统计法

经验统计法是运用抽样统计的方法，从以往类似工程的施工竣工结算资料和典型设计图纸资料及成本核算资料中抽取若干个项目的资料，进行分析、测算及定量的方法。运用这种方法，首先要建立一系列数学模型，对以往不同类型的样本工程项目成本降低情况进行统计、分析，然后得出同类型工程成本的平均值或是平均先进值。由于典型工程的经验数据权重不断增加，使其统计数据资料越来越完善、真实、可靠。此方法的特点是积累过程长，但统计分析细致，使用时简单易行，方便快捷。缺点是模型中考虑的因素有限，而工程实际情况则要复杂得多，对各种变化情况的需要不能一一适应，准确性也不够，因此这种方法对设计方案较规范的一般住宅民建工程的常用项目的人、材、机消耗及管理费测定较适用。如对于材料消耗量及其损耗率、人工幅度差和超运距等问题，可以采用这种方法。

例如，材料消耗量的确定：

$$材料定额消耗量＝材料净用量＋损耗量 \tag{3-5}$$

在确定材料消耗量时需要注意的是：机械用动力资源如油、电、水、风等项目不包含在材料费用中。

3. 定额修正法

定额修正法是以已有的全国（地区）定额、行业定额为蓝本，按照工程预算的计算程序计算出造价，分析出成本，然后根据具体工程项目的施工图纸、现场条件和企业劳务、设备及材料储备状况，结合实际情况对定额水平进行调增或调减，从而确定工程实际成本。在大部分施工单位企业定额尚未建立的今天，采用这种定额换算的方法建立企业定额，不失为一条捷径。这种方法在假设条件下，把变化的条件罗列出来进行适当的增减，既比较简单易行，又相对准确，是补充企业一般工程项目人、材、机和管理费标准的较好方法之一，不过这种方法制定的定额水平要在实践中得到检验和完善。在实际编制企业定额的过程中，对一些企业实际施工水平与传统定额所反映的平均水平相近项目，也可采用该方法，结合企业现状对传统定额进行调增或调减。如对于配合比用料，可采用材料单价调整进行修正。

4. 理论计算法

理论计算法是根据施工图纸、施工规范及材料规格，用理论计算的方法求出定额中的理论消耗量，将理论消耗量加上合理的损耗，得出定额实际消耗的水平。实际的损耗量需要经过现场实际统计测算才能得出，所以理论计算法在编制定额时不能独立使用，只有与统计分析法（用来测算损耗率）相结合才能共同完成定额子目的编制。所以，理论计算法编制施工定额有一定的局限性。但这种方法也可以节约大量的人力、物力和时间。

以上四种方法各有优缺点，它们不是绝对独立的，实际工作过程中可以结合起来使用，互为补充、互为验证。企业应根据实际需要，确定适合自己的方法体系。

5. 造价软件法

造价软件法是使用计算机编制和维护企业定额的方法。由于计算机具有运行速度快、计算准确、能对工程造价和资料进行动态管理的优点。因此我们不仅可以利用工程造价软件和有关的数字建筑网站，快速准确地计算工程量、工程造价，而且能够查出各地的人工、材料价格，还能够通过企业长期的工程资料的积累形成企业定额。条件不成熟的企业可以考虑在保证数据安全的情况下与专业公司签订协议进行合作开发或委托开发。

以某专业工程造价软件为例，使用该专业软件公司的企业定额生成软件，可以很方便地制定企业定额。用户可以从多渠道生成和维护企业定额。该专业软件公司的企业定额生成方法有以下几种：

（1）以现有政府定额为基础，利用复制、拖动等功能快速生成为企业定额。在以后投标报价时，可以选择任何消耗量定额库或企业定额，作为投标报价的依据。

（2）按分包价测定定额水平，用水平系数对企业定额进行维护，并能做到分包判比，对分包价格按一定规则测定定额水平，并能分摊到人为确定的定额含量上。

（3）企业可以自行测算，以调整企业定额水平。这项工作在企业应用清单组价软件的过程中由计算机自动积累生成。

（4）企业定额生成器中可以把材料厂家的供应价、软件公司数字建筑网站的材料信息、材料管理软件中的企业制造成本的材料采购价、入库价等综合计算得到企业用于投标报价的综合材料价格库，并能自动对该库进行增、删、改、替等的维护。

（5）在使用专业软件公司清单组价软件的过程中，不但能多方案地组价，还可以不断积累每个清单项组价过程中的定额消耗量数据及组价数据，并能对每次的数据进行分析判比，形成按不同工艺的工艺包。根据判比结果，计算机可以对企业定额进行维护。当用户再次对该清单项目进行组价时，只需要调用企业定额内的工艺包，就可以把过去输入的组价数据及定额含量全部读入，该功能可以极大提高用户组价的工作效率，也是实行工程量清单计价规范后企业快速准确组价的主要手段。

专业软件公司的企业定额生成器采用量价分离的原则，这样便于企业维护，在维护定额含量时，不影响价格，在编制材料价格时不影响定额含量。企业定额作为企业的造价资源，为了资源的保密性做到了按权限管理，每个使用者按自己的权限进行工作。

3.2.3 企业定额的参考表式

企业实体消耗定额内容包括：总说明，册说明，每章节说明，工程量计算规则、分项工程工作内容，定额计量单位，定额代码，定额编号，定额名称，人工、材料、机械的编码、名称、消耗量及其市场价，定额标号等。表 3-1～表 3-4 为某企业消耗定额表式。

砌块墙（10m³） 表 3-1

工作内容：调运砂浆、铺砂浆、运砌块、砌砌块（包括墙体窗台虎头砖、腰线门窗套、安放木砖、铁件等）。

定额编号			3-20	3-21	3-22
项目	单位	单价	混凝土实心砖 1 砖墙	蒸压砂加气混凝土砌块墙厚 200mm	蒸压粉煤灰加气混凝土砌块墙厚 200mm
预算单价	元	—	516.29	542.19	548.80
其中	人工费	元	—	194.30	111.65	130.50
	材料费	元	—	319.50	429.43	417.01
	机械费	元	—	2.48	1.11	1.29
人工	砖瓦工	工日	145	1.34	0.77	0.90
材料	混凝土实心砖 240×115×53	千块	442	0.532	—	—
	蒸压砂加气混凝土砌块（B06 级）600×120×240	m³	400	—	1.01	—
	蒸压粉煤灰加气混凝土砌块（B06 级）600×190×240	m³	400	—	—	0.977
	砌块砌筑粘结剂	kg	0.70	—	26.39	—

续表

定额编号			3-20	3-21	3-22
项目	单位	单价	混凝土实心砖1砖墙	蒸压砂加气混凝土砌块墙厚200mm	蒸压粉煤灰加气混凝土砌块墙厚200mm
材料	水泥砂浆1:3	m³	336.04	—	0.01	—
	水泥砂浆 M7.5	m³	345.55	—	0.008	—
	混合砂浆 M7.5	m³	355.43	0.236	—	0.071
	水	m³	4.56	0.01	0.01	0.04
	其他材料费	元	1.00	0.43	0.79	0.79
机械	灰浆搅拌机 200L	台班	63.70	0.039	0.003	0.012
	其他机械费	元	1.00	—	0.92	0.53

现浇混凝土基础（10m³） 表 3-2

工作内容：混凝土水平运输、搅拌、浇捣、养护等。

定额编号				4-1	4-2	4-3	4-4	4-5
项目	单位	单价		带形基础		独立基础		杯形基础
				毛石混凝土	混凝土	毛石混凝土	混凝土	
预算单价		元	—	6195.11	7076.76	5991.48	7033.26	7022.16
其中	人工费	元	—	1306.46	1465.48	1345.68	1420.20	1407.72
	材料费	元	—	4705.97	5398.98	4474.82	5400.76	5402.13
	机械费	元	—	182.68	212.30	170.98	212.30	212.30
人工	混凝土工	工日	214	4.30	4.91	4.45	4.74	4.69
	普通工	工日	178	2.17	2.33	2.21	2.28	2.27
材料	C30（40）混凝土	m³	530	8.63	10.15	8.12	10.15	10.15
	草袋	m³	1.85	2.27	2.17	2.76	2.83	3.25
	片石（毛石）	m³	41.16	2.74	—	3.65	—	—
	工程用水	m³	4.63	3.26	3.34	3.43	3.46	3.59
机械	混凝土搅拌机 400L	台班	174.50	0.27	0.31	0.25	0.31	0.31
	混凝土振捣器（插入式）	台班	4.48	0.53	0.63	0.50	0.63	0.63
	机动翻斗车	台班	201.80	0.66	0.77	0.62	0.77	0.77

现浇构件钢筋工程（t） 表 3-3

工作内容：钢筋配制、绑扎、安装。

定额编号			6-5	6-6	6-7	6-8
项目	单位	单价	ϕ14 圆钢	ϕ16 圆钢	ϕ18 圆钢	ϕ20 圆钢
预算单价	元	—	6209.48	6006.07	5883.05	5733.32

续表

定额编号			6-5	6-6	6-7	6-8
项目		单位	单价	ϕ14 圆钢	ϕ16 圆钢	ϕ18 圆钢	ϕ20 圆钢
其中	人工费	元	—	1732.22	1541.78	1596.22	1448.40
	材料费	元	—	4425.85	4387.13	4220.42	4220.78
	机械费	元	—	51.42	77.16	66.41	64.13
人工	钢筋工	工日	251	5.10	2.54	4.70	4.26
	普通工	工日	178	2.54	5.08	2.34	2.13
材料	圆钢 14	kg	4.192	1050	—	—	—
	圆钢 16	kg	4.147	—	1050	—	—
	圆钢 18	kg	4.147	—	—	1010	—
	圆钢 20	kg	4.147	—	—	—	1010
	镀锌钢丝 0.7mm（22 号）	kg	5.27	3.39	2.60	2.05	1.67
	电焊条/结 422	kg	3.19	2.00	5.98	6.63	7.37
	工程用水	m³	4.63	—	0.21	0.17	0.14
机械	钢筋调直机 14	台班	37.95	0.21	0.17	—	—
	钢筋切断机 40	台班	42.04	0.11	0.11	0.11	0.11
	钢筋弯曲机 40	台班	26.07	0.42	0.42	0.35	0.35
	直流电焊机功率 30kW	台班	92.91	0.30	0.41	0.42	0.42
	对焊机容量 75kV·A	台班	113.63	—	0.15	0.12	0.10

整体面层及明沟（10m³）   表 3-4

工作内容：清理基层、调运砂浆、刷素水泥浆、抹面、压光、养护。

定额编号			9-23	9-24	9-25
项目		单位	单价	楼地面 20mm	加浆抹光随捣随抹	楼梯 20mm
预算单价		元	—	3109.06	1422.27	17685.41
其中	人工费	元	—	2103.76	1129.52	14793.52
	材料费	元	—	950.14	278.15	2741.02
	机械费	元	—	55.16	14.60	150.87
人工	抹灰工	工日	220	4.53	2.27	51.11
	普通工	工日	178	6.22	3.54	19.94
材料	水泥砂浆 1：3	m³	415	—	—	0.41
	素水泥浆	m³	390	0.10	—	0.27
	水泥砂浆 1：2	m³	420	2.02	—	3.35
	水泥砂浆 1：1	m³	425	—	0.51	—
	混合砂浆 1：1：6	m³	403	—	—	0.80
	混合砂浆 1：3：9	m³	413	—	—	1.26
	纸筋灰浆	m³	420	—	—	0.23
	工程用水	m³	4.63	4.76	4.47	7.38
	草袋	m³	1.85	22	22	31.79
	木脚手架板	m³	1638	—	—	0.016
机械	砂浆搅拌架 200L	台班	162.23	0.34	0.09	0.93

　　企业工期定额内容包括：总说明、建筑面积计算规范、每章节说明、工期计算规则、结构类型、计量单位、定额编号、项目名称、施工天数等。表 3-5、表 3-6 为某企业工期

定额表式。

±0.000m 以上住宅工程 表 3-5

编号	结构类型	层数	建筑面积（m²）	施工天数（d）	
				总工期	其中：结构
1-29	砖混结构	1	500 以内	30	15
1-30			1000 以内	40	20
1-31			1000 以外	50	25
1-32		2	500 以内	45	20
1-33			1000 以内	55	25
1-34			2000 以内	65	25
1-35			2000 以外	80	40
1-36		3	1000 以内	70	30
1-37			2000 以内	75	35
1-38			3000 以内	85	40
1-39			3000 以外	100	50
1-40		4	2000 以内	90	40
1-41			3000 以内	95	45
1-42			5000 以内	105	55
1-43			5000 以外	120	65
1-44		5	3000 以内	115	50
1-45			5000 以内	135	60
1-46			5000 以外	150	65
1-47		6	3000 以内	150	50
1-48			5000 以内	165	60
1-49			7000 以内	180	70
1-50			7000 以外	200	80
1-51		7	3000 以内	165	60
1-52			5000 以内	180	65
1-53			7000 以内	200	75
1-54			7000 以外	210	85

±0.000m 以上综合楼工程 表 3-6

编号	结构类型	层数	建筑面积（m²）	施工天数（d）	
				总工期	其中：结构
1-358	框架结构	18 层以下	15000 以内	330	120
1-359			20000 以内	340	135
1-360			25000 以内	350	150
1-361			30000 以内	370	170

编号	结构类型	层数	建筑面积（m²）	施工天数（d）	
				总工期	其中：结构
1-362		18 层以下	30000 以外	390	190
1-363			15000 以内	360	125
1-364			20000 以内	370	140
1-365		20 层以下	25000 以内	390	155
1-366			30000 以内	410	175
1-367			30000 以外	430	200
1-368			15000 以内	390	135
1-369			20000 以内	400	150
1-370	框架结构	22 层以下	25000 以内	415	170
1-371			30000 以内	430	190
1-372			30000 以外	460	210
1-373			20000 以内	420	160
1-374		24 层以下	25000 以内	440	180
1-375			30000 以内	470	210
1-376			30000 以外	500	240
1-377			20000 以内	440	170
1-378		26 层以下	25000 以内	460	190
1-379			30000 以内	490	220
1-380			30000 以外	520	250

3.3　企业定额的编制实例

实例 3-1：某企业定额 ϕ 8 钢筋制安工程项目编制实例

1. 编制依据

（1）参考全国统一劳动定额。

（2）参照全国性或地方性房屋建筑与装饰工程消耗量定额有关资料。

（3）企业内部实测数据。

2. 施工方法

（1）施工现场统一配料，集中加工，配套生产，流水作业。

（2）机械制作：系指在一个工地有调直机或卷扬机、切断机、弯曲机全部机械设备者。

1）平直：采用调直机调直或卷扬机拉直（冷拉）。

2）切断：采用切断机。

3）弯曲：采用弯曲机。钢筋弯曲程度以弯曲钢筋占构建钢筋总量的 60％为准。

（3）绑扎采用一般工具，手工操作。

（4）原材料及半成品的水平运输，用人力或双轮车搬运。机械垂直运输不分塔式起重机、机械，半成品用人力和机械配合运输。

3. 工作内容

（1）钢筋制作

1）平直：包括取料、解捆、开拆、平直（调直、拉直）及钢筋必要的切断、分类堆放到指定地点及 30m 以内的原材料搬运等（不包括过磅）。

2）切断：包括配料、划线、标号、堆放及操作地点的材料取放和清理钢筋头等。

3）弯曲：包括放样、划线、弯曲、捆扎、标号、垫棱、堆放、覆盖以及操作地点 30m 以内材料和半成品的取放。

（2）钢筋制绑

1）清理模板内杂物、木屑、烧、断铁丝。

2）按设计要求绑扎成型并放入模内。捣制构件除混凝土另有规定外，均负责安放垫块等。

3）捣制构件包括搭拆施工高度在 3.6m 以内的简单架子。

4）地面 60m 的水平运输和取放半成品，捣制构件并包括人力一层和机械六层（或高 20m）以内的垂直运输，以及建筑物底层或楼层的全部水平运输。

4. 工料机消耗量计算和有关说明

（1）人工消耗量计算和说明

1）除锈：按钢筋总重量的 25％计算。除锈用工计算以劳动定额为基础综合计算，见表 3-7。

φ8 钢筋除锈用工消耗量计算表　单位：t　　　　　表 3-7

施工工序名称	数量	劳动定额		工日数（工日）
		工种	时间定额	
φ8 钢筋除锈	0.25	钢筋工	2.94	0.735

2）平直：按机械平直 100％计算，用工详见《全国建筑安装工程统一劳动定额编制说明》附录一，时间定额取定 1.19 工日/t。

3）钢筋切断用工计算以劳动定额为基础，按企业内部调查资料确定的综合权数综合计算见表 3-8。

现浇构件钢筋切断用工消耗量计算表　单位：t　　　　　表 3-8

钢筋直径	劳动定额	切断长度（m）						综合取定
		1 以内	2 以内	3 以内	4.5 以内	6 以内	9 以内	
φ8	时间定额	0.704	0.528	0.433	0.376	0.380	0.316	0.525
	内部综合权数	20	50	15	10	3	2	

4）现浇构件钢筋弯曲用工以劳动定额为基础，按企业内部调查资料确定的综合权数综合计算，见表 3-9。

5）φ8 钢筋不同部位绑扎用工以劳动定额为基础，按企业内部调查资料确定的综合权数综合计算，见表 3-10。

6）钢筋成品保护用工：经过实际测定，每吨钢筋取定 0.45 工日。

7）定额项目人工消耗量计算，见表 3-11。

现浇构件钢筋弯曲用工消耗量计算表 单位：t　　　　表 3-9

钢筋直径	项目			长度（m）					综合（一）	综合权数	综合
	弯头在（2，6，8）个以内			1 以内	2 以内	3 以内	4.5 以内	6 以内			
φ8	机械弯曲	2	时间定额	1.534	0.874	0.703	0.664	0.641	0.821	50	1.27
			内部综合权数	10	30	25	25	10			
		6	时间定额	2.988	1.810	1.620	1.408	1.405	1.671	40	
			内部综合权数	5	30	30	25	10			
		8	时间定额	4.228	2.532	2.110	1.762	1.688	1.946	10	
			内部综合权数	0	10	35	35	20			

φ8 钢筋绑扎用工消耗量计算表 单位：t　　　　表 3-10

施工工序名称	单位	数量	内部权数	劳动定额				备注
				定额编号	工种	时间定额	工日	
（1）	（2）	（3）	（4）	（5）	（6）	（7）	(8)＝(3)×(4)×(7)	
地面	t	1.0	5	地-37	钢筋	3.03	0.152	
墙面	t	1.0	10	地-94	钢筋	6.25	0.625	
电梯井、通风道等	t	1.0	5	地-102	钢筋	8.33	0.417	
平板、屋面板（单向）	t	1.0	5	地-107	钢筋	4.35	0.218	
平板、屋面板（双向）	t	1.0	8	地-110	钢筋	5.56	0.445	
筒形薄板	t	1.0	2	地-114	钢筋	7.14	0.143	
楼梯	t	1.0	35	地-120	钢筋	9.26	3.241	
阳台、雨篷等	t	1.0	15	地-126	钢筋	12.30	1.845	
栏板、扶手	t	1.0	3	地-129	钢筋	20.00	0.600	
暖气沟等	t	1.0	2	地-131	钢筋	9.09	0.182	
盥洗池、槽	t	1.0	3	地-140	钢筋	10.00	0.300	
水箱	t	1.0	2	地-142	钢筋	6.25	0.125	
化粪池	t	1.0	2	地-146	钢筋	7.46	0.149	
墙压顶	t	1.0	3	地-149	钢筋	10.00	0.300	
小计							8.742	

定额项目人工消耗量计算表 单位：t　　　　表 3-11

章名称　钢筋工程　节名称　现浇构件　项目名称　圆钢筋　子目名称　φ8

工作内容			钢筋除锈、制作、绑扎、安装				
操作方法质量要求							
施工操作工序名称及工作量			用工计算	工种	时间定额	工日数	
名称	单位	数量					
劳动力计算	1	2	3	4	5	6	7＝3×6
	除锈	t	0.25	详见表 3-7	钢筋	2.94	0.735
	平直	t	1.00	详见人工消耗计算和说明 2	钢筋	1.19	1.19
	切断	t	1.00	详见表 3-8	钢筋	0.525	0.525

续表

施工操作工序名称及工作量			用工计算	工种	时间定额	工日数
名称	单位	数量				
劳动力计算 弯曲	t	1.00	详见表3-9	钢筋	1.24	1.27
绑扎	t	1.00	详见表3-10	钢筋	9.268	8.742
成品保护用工	t	1.00	详见人工消耗计算和说明6	钢筋	0.45	0.45
小计						12.912
人工幅度差10%			1.29	合计		14.2

年　　月　　日　　　　复核者　　　　计算者

注：最终计算结果保留两位小数。

（2）材料消耗量计算和说明

1）钢筋绑扎用量的计算

① 材料：22号镀锌铁丝。

② 依据企业内部多项工程测算综合取定镀锌铁丝用量156.28kg。

③ 钢筋绑扎镀锌铁丝长度为220mm/根。见表3-12。

钢筋绑扎用22号镀锌铁丝计算表　单位：t　　　　　　　　表3-12

钢筋规格	综合取定钢筋重量（t）	22号镀锌铁丝（kg）总用量	每吨钢筋用22号镀锌铁丝（kg）
$\phi 8$	17.75	156.28	8.8

2）钢筋用量的计算：根据图纸计算出净用量的基础上，结合企业内部多项工程的实测数据，增加1.5%的损耗为企业定额材料消耗用量。

3）定额项目材料消耗量计算，见表3-13。

定额项目材料消耗量计算表　单位：t　　　　　　　表3-13

	计算依据或说明					使用量
	名称	规格	单位	计算量	损耗率%	
主要材料	圆钢筋	$\phi 8$	t	1.0	1.5	1.015
	镀锌铁丝	22号	kg			8.8

年　　月　　日　　　　　　复核者　　　　　　　计算者

（3）机械台班消耗量计算和说明

1）有关数据

调直机、切断机、弯曲机机械台班使用量＝1t钢筋×（1÷钢筋制作每工产量×小组成员人数）

小组成员人数取定：

平直：调直机　3人

切断：切断机　3人（切断长度6m）

弯曲：弯曲机　2人

2）钢筋平直机械台班使用量以劳动定额为基础计算，见表3-14。

3）钢筋切断机械台班使用量以劳动定额为基础计算，见表3-15。

钢筋平直机械台班使用量 单位：t　　　　表3-14

预算定额	劳动定额					
钢筋直径	定额编号	单位	每工产量	小组人数	台班产量	台班使用量计算（台班）
φ8	地-308（一）	t	0.84	3	2.52	1/2.52＝0.40

钢筋切断机械台班使用量 单位：t　　　　表3-15

预算定额	劳动定额					
钢筋直径	定额编号	单位	每工产量	小组人数	台班产量	台班使用量计算（台班）
φ8	地-308（二）	t	1.54	3	4.62	1/4.62＝0.22

4）钢筋弯曲机械台班使用量以劳动定额为基础计算，见表3-16。

钢筋弯曲机械台班使用量 单位：t　　　　表3-16

预算定额	劳动定额					
钢筋直径	定额编号	单位	每工产量	小组人数	台班产量	台班使用量计算（台班）
φ8	地-308（三）	t	1	2	2	1/2×60%＝0.30

注：φ8机械弯曲比例按60%计算。

定额项目机械台班消耗量计算表见表3-17。

定额项目机械台班消耗量计算表 单位：t　　　　表3-17

工程内容						
	施工操作			机械名称	台班用量计算	机械使用量（台班）
机械台班计算	工序	数量	单位			
	1	2	3	4	5	6
	钢筋调直	1.0	t	调直机	表3-14	0.40
	钢筋切断	1.0	t	切断机	表3-15	0.22
	钢筋弯曲	1.0	t	弯曲机	表3-16	0.30
备注						
年　月　日			复核者		计算者	

综上所述，现浇构件φ8钢筋工程工料机消耗量定额见表3-18。

钢筋工程 单位：t　　　　表3-18

工作内容：钢筋配制、绑扎、安装。

定额编号			6-2
项目			现浇混凝土构件
	单位	单价	圆钢筋（mm）
			φ8
预算价格	元		
其中	人工费	元	
	材料费	元	
	机械费	元	
人工	钢筋工	工日	14.20

续表

定额编号			6-2
项目	单位	单价	现浇混凝土构件
			圆钢筋（mm）
			$\phi 8$
材料			
圆钢 $\phi 8$	kg		1015
镀锌铁丝（22 号）	kg		8.80
机械			
钢筋调直机	台班		0.40
钢筋切断机	台班		0.22
钢筋弯曲机	台班		0.30

注：上述消耗量定额中的人工、材料、机械单价以当期市场价计入，合成当期企业定额单价。

实例 3-2：某企业定额 15m 以下单排外脚手架编制实例

1. 编制依据

（1）根据国家行业扣件式钢管脚手架相关安全技术规范。

（2）根据项目提供的调查资料及有关施工组织设计方案。

（3）根据全国或地方性房屋建筑与装饰工程消耗量定额有关资料。

（4）参考相关建设工程劳动定额。

2. 15m 以下单排外脚手架计算的有关规定

（1）脚手架使用材料寿命期表，见表 3-19。

脚手架使用材料寿命期表   表 3-19

名称	规格	使用寿命	名称	规格	使用寿命
钢管	$\phi 48 \times 3.5$	180 个月	木脚手板		42 个月
扣件		120 个月	安全网		1 次
底座		80 个月	绑扎材料		1 次

注：使用寿命由企业结合自身情况规定。

（2）材料损耗率，见表 3-20。

材料损耗率   表 3-20

序号	材料名称	损耗率（%）	序号	材料名称	损耗率（%）
1	钢管	4	4	木制品	1
2	8 号铅丝	2	5	缆风绳（钢缆）	5
3	$\phi 12$ 压头钢筋	2	6	铁钉	2

注：材料损耗率由企业结合自身情况规定。压头钢筋指固定脚手片的上压钢筋。

（3）脚手架使用残值率，见表 3-21。

3. 工料机消耗量计算的有关数据和说明

（1）人工消耗量有关数据和说明

定额人工用量以劳动定额为基础。

1）人工幅度差按企业内部测定取 12%。

脚手架使用残值率 表 3-21

序号	材料名称	残值率（%）	序号	材料名称	残值率（%）
1	钢管	10	4	底座	5
2	扣件	5	5	8号铅丝	10
3	$\phi 12$ 压头钢筋	10			

注：材料使用残值率由企业结合自身情况规定。

2）每 $100m^2$ 15m 以下的单排外脚手架操作工序工作量按劳动定额计算用工：

① 搭拆架子、翻板子每 $100m^2$ 脚手架换算成劳动定额计量单位 10m（水平延米）：

$$100m^2 \div 架高 = 水平延米 \tag{3-6}$$

依据本实例第 4 部分的平面图及构造说明：脚手架高度＝步数×步高＋1.5（立杆超出长度）＝10 步×1.3m＋1.5m＝14.5m，故 $100m^2$ 脚手架水平延米为：$100m^2 \div 14.5m = 6.9m = 0.69（10m）$

搭、拆架子及翻板子用工计算表，见表 3-22。

搭、拆架子及翻板子用工计算表 表 3-22

施工工序	单位	数量	劳动定额编号	时间定额	工日数
搭、拆架子及翻板子	10m	0.69	3-1-54	4.92	3.395

② 取定每 70m 设一座上料平台，每 $100m^2$ 脚手架上料平台（座）为：

$$100m^2 \div (70m \times 13m) = 0.11 座。$$

搭、拆上料平台用工计算表，见表 3-23。

搭、拆上料平台用工计算表 表 3-23

施工工序	单位	数量	劳动定额编号	时间定额	工日数
搭、拆上料平台	座	0.11	3-12-180	10.7	1.177

③ 100^2 外脚手架水平延米为 6.9m，15m 以内外脚手架垂直方向共 10 步。则：护身栏杆水平延米为 6.9m×10 步＝69m＝0.69（100m）（劳动定额水平延米的计量单位为 100m）

搭、拆护身栏杆用工计算表，见表 3-24。

搭、拆护身栏杆用工计算表 表 3-24

施工工序	单位	数量	劳动定额编号	时间定额	工日数
搭、拆护身栏杆	100m	0.69	3-1-P48注2	0.8	0.55

④ 装卸工按汽车每台班配备 4 人计算。

$$装卸工用工 = 0.109 台班 \times 4 人 = 0.436 工日$$

注：汽车台班用量详见机械台班使用量计算有关数据和说明第 4 条（即每台班配备 4 人）。

⑤ 钢管刷油用工量计算：根据某企业以往数据统计油漆 15 年共刷 16 次。

A. 第一年刷防锈漆和调和漆各 1 遍，计 1.09 工日。

B. 第二年起每年刷 1 遍调和漆：

$$14 年 \times 0.436 工日/t = 6.104 工日/t。$$

C. 每吨每年摊销工日＝(1.09 工日/t＋6.104 工日/t)÷15 年＝0.48 工日/(t·年)。

D. 每 100m² 脚手架钢管及扣件总用量＝1424.91kg＋150.6 套×1.25kg/套＋29.03 套×1.5kg/套＋12.08 套×1.5kg/套＋5.81 套×3kg/套＝1692.26kg＝1.692t（材料用量详见表 3-26）。

钢管刷油（含扣件）用工数＝使用量（t）×(占用期÷12)×0.48 工日/(t·年)＝1.692t×6 个月÷12 个月×0.48 工日/(t·年)＝0.406 工日

注：15m 以下外脚手架一次占用期按 6 个月考虑。

人工消耗量计算见表 3-25。

定额项目人工消耗量计算表 单位：100m² 表 3-25

章名称　脚手架工程　　节名称外脚手架　　项目名称钢管架　子目名称单排高度 15m 以下

工程内容	平土、挖坑、安底座，打缆风桩、拉缆风绳，场内外材料运输，搭设、拆除脚手架、上料平台，上下翻板子，挡脚板，护身栏杆以及拆除后的材料堆放整理。		
	施工操作工序名称	用工计算	用工数（工日）
	1	2	3
劳动力计算	搭、拆架子及翻板子	详见表 3-22	3.395
	搭、拆上料平台	详见表 3-23	1.177
	绑、拆护身栏杆	详见表 3-24	0.55
	材料场外运输	详见人工消耗量有关数据和说明第④条	0.436
	钢管（含扣件）油漆	详见人工消耗量有关数据和说明第⑤条	0.406
	小计		5.964
人工幅度差 12%	0.716	合计	6.68

年　　月　　日　　　　　　复核者　　　　　　　计算者

注：最终计算结果保留两位小数。

（2）定额材料消耗量有关数据和说明

1）ϕ48 钢管、直角扣件、对接扣件、回转扣件、底座均按一次使用量计入，计价时执行租赁价。

即：租赁价＝一次使用量×一次占用期×租赁单价元/t·d（或元/套·d）。

2）木脚手板、木挡脚板、缆风桩、垫木按周转 30 次计，不考虑残值。

3）钢管、扣件、铅丝、铁钉等按一次使用量计，在套用企业定额计价时按表 3-21 考虑残值。

4）ϕ12 的压头钢筋按周转 15 次考虑。

5）缆风绳按周转 10 次考虑。

6）定额材料消耗量具体计算详见第 4 部分。

（3）机械台班使用量计算有关数据和说明

1）场外运输费：钢管、扣件、脚手板、脚手杆考虑周转后均按一次使用量的 70% 计算场外运输。

2）运输采用 6t 载重汽车，取定台班产量 13.66t。

3）材料理论重量按：钢管 ϕ48×3.5，3.84kg/m；直角扣件每套 1.25kg；对接扣件每套 1.5kg；回转扣件每套 1.5kg；底座每套 3kg；木材 600kg/m³ 计算。

4）每 100m² 外脚手架材料总重量＝1424.91kg＋150.6 套×1.25kg/套＋29.03 套×

1.5kg/套＋12.08 套×1.5kg/套＋5.81 套×3kg/套＋0.606m³×600kg/m³＋0.055×600kg/m³＋0.037×600kg/m³＋0.032×600kg/m³＝2130.26kg＝2.13t（各项材料用量详见表 3-26）。

则载重汽车台班用量＝2.13t×70％÷13.66t＝0.109 台班

4. 15m 以下外脚手架搭设图示及材料用量计算

（1）脚手架部分

1）取定高度 13m，平面布置如图 3-1 所示。

服务面积：（50＋15）m×2×13m＝1690m²

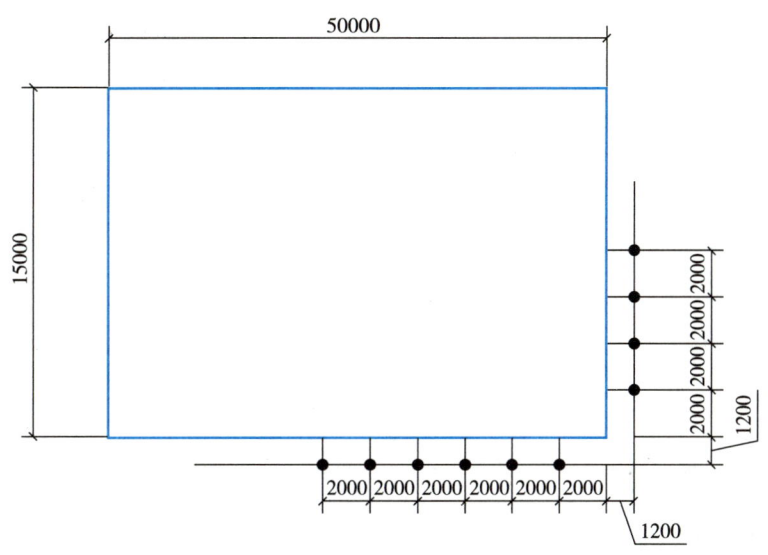

图 3-1　平面布置

2）脚手架构造（图 3-1～图 3-3）：

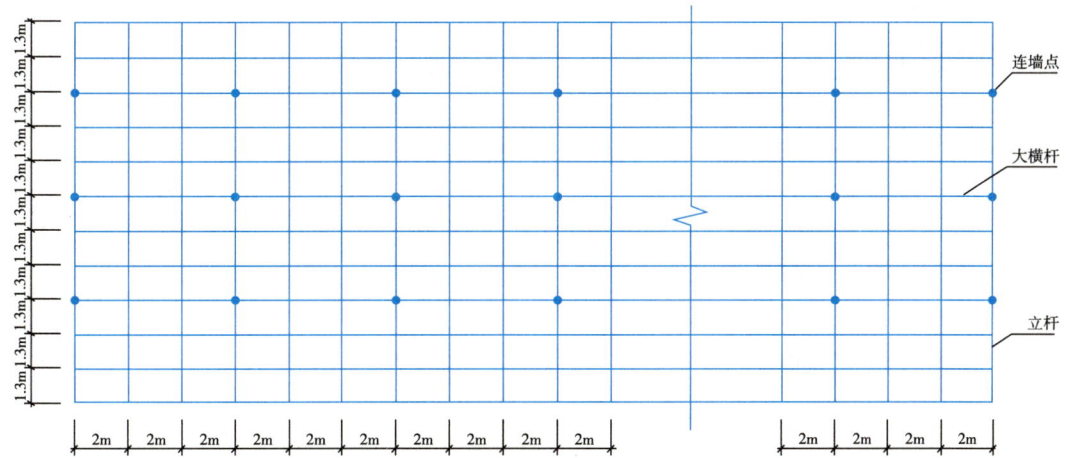

15m以下外脚手架连墙点设置示意图（每三步三跨设一点）

图 3-2　连墙点设置示意图

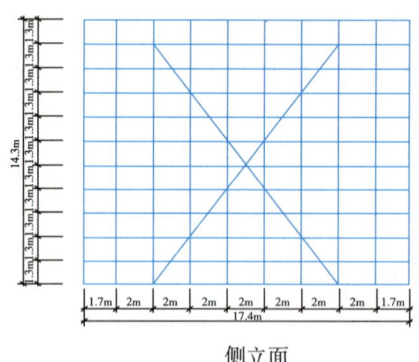

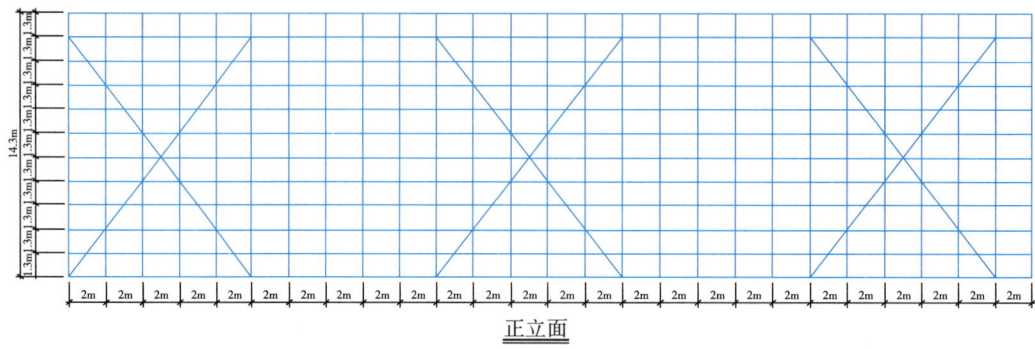

15m以下外脚手架剪刀撑设置示意图
（长向每隔10m设1付，每付跨5跨10步。短向设1付，每付跨5跨10步）

图 3-3　剪刀撑设置示意图

步距 1.3m，距墙 1.2m，柱距 2.0m，连墙点采用刚性连接，每 3 步 3 跨设一点；横向水平杆入墙内 200mm，每根外伸 200mm，从上到下短边各设 1 道，长边各设 3 道共 8 道剪刀撑（每隔 10m 设 1 付，每付跨 5 跨 10 步）。

3）杆件计算

① 立杆总长度：$52.4 \div 2 + 1 = 27$ 根　$17.4 \div 2 + 1 = 10$ 根　$(27 + 10) \times 2 = 74$ 根

　　74 根 $\times [13 + 1.5$（高出部分）$]\,\text{m} = 74$ 根 $\times 14.5\text{m} = 1073\text{m}$

② 大横杆总长度：$13 \div 1.3 + 1 = 11$ 步（包括扫地杆）

　　11 步 $\times [(52.4 + 0.4) + (17.4 + 0.4)]\,\text{m} \times 2$ 边 $= 1553.2\text{m}$

③ 小横杆 $(74 - 4) \times 11 = 770$ 根，操作层加密 70 根，$770 + 70 = 840$ 根

　　840 根 $\times (1.2 + 0.4)\,\text{m} = 1344\text{m}$

④ 剪刀撑：每付长度 2 根 $\times [\sqrt{(5\text{跨} \times 2\text{m})^2 + (10\text{步} \times 1.3\text{m})^2} + 0.4\text{m}] = 33.6\text{m}/$付

　　8 付 $\times 33.6\text{m}/$付 $= 268.8\text{m}$

⑤ 防护栏杆为操作层设置一层，按大横杆一步长度计 141.2m。

⑥ 连墙点高 10 步 $\div$ 3 步 $= 3$（排）

水平长度单边长向：$50\text{m} \div (2\text{m} \times 3\text{跨}) = 8.3$　取 8 列

水平长度单边短向：$15\text{m} \div (2\text{m} \times 3\text{跨}) = 2.5$　取 3 列

周边应设（8 列＋3 列）×2 边＋4 角＝26 列

连墙点用量：3 排×26 列×5.5m/点＝429m。

注：每点用量取定 5.5m。

合计：杆件总长度＝1073＋1553.2＋1344＋268.8＋141.2＋429＝4809.2m

$$重量＝4809.2m×3.84kg/m＝18467.33kg$$

4）扣件

① 直角扣角

立杆与大横杆、防护栏杆连接：74 根×[11（步）＋1（防护栏杆）]＝888 套

大横杆与小横杆连接：[74 根－4 根（角）]×11 层＋70 根（操作层加密）＝840 套

连接点：3 排×26 列＝78 点

$$78 点×4 套/点＝312 套$$

直角扣角合计：888＋840＋312＝2040 套

② 对接扣件（注：钢管按每根 6m 长计算）

立杆：74×2 套＝148 套　　　　　　　每个立杆 2 个接头

大横杆、护身栏杆：（11＋1）步×20＝240 套　　　每层横杆取 20 个接头

剪刀撑：8 付×2 根/付×2＝32 套　　　　每次每根取 2 个接头

对接扣件合计：148＋240＋32＝420 套

③ 回转扣件：8 付×13 套/付＝104 套　　　每付用 13 套

④ 底座：74 套

5）脚手板（按满铺一层考虑）

（52.4＋15）m×2 边×1.2m×0.05m＝8.088m³

每块架板的体积：4m×0.3m×0.05m＝0.06m³

脚手板块数＝8.088m³÷0.06m³/块＝135 块

挡脚板：（52.4＋17.4）m×2 边×0.18m×0.03m＝0.754m³

每块挡脚板的体积：3m×0.18m×0.03m＝0.0162m³

挡脚板的块数＝0.754m³÷0.0162m³/块＝47 块

垫木（连墙点）：规格 200mm×100mm×100mm

78 点×4 块/点×0.1m×0.2m×0.1m＝0.624m³

6）8 号铅丝（注：每绑一块架板用 2m 长铅丝）

10 步×135 块（架板）×2m/块＝2700m　　　按 10 次翻板

10 步×47 块（挡脚板）×2m/块＝940m　　　按 10 次翻板

$$（2700m＋940m）×0.0986kg/m＝359kg$$

7）挡脚板使用铁钉：10 步×47 块×4 颗÷279 颗/kg＝6.74kg

8）ϕ12 压头钢筋：135 块（架板）×0.96m×0.888kg/m＝115.08kg

每块脚手板取压头钢筋 0.96m

9）综上所述，每 100m² 外脚手架材料取定如下：

$$\phi48×3.5 钢管：18467.33kg÷1690m²×100m²＝1092.74kg$$

直角扣件：2040 套÷1690m²×100m²＝120.71 套

对接扣件：420 套÷1690m²×100m²＝24.85 套

回转扣件：104 套÷1690m²×100m²＝6.15 套

底座：74 套÷1690m²×100m²＝4.38 套

脚手板：8.088m³÷1690m²×100m²＝0.479m³

挡脚板：0.754m³÷1690m²×100m²＝0.045m³

垫木：0.624m³÷1690m²×100m²＝0.037m³

8 号铅丝：359kg÷1690m²×100m²＝21.24kg

铁钉：6.74kg÷1690m²×100m²＝0.40kg

ϕ12 钢筋：115.08kg÷1690m²×100m²＝6.809kg

（2）上料平台部分

上料平台示意图如图 3-4 所示。

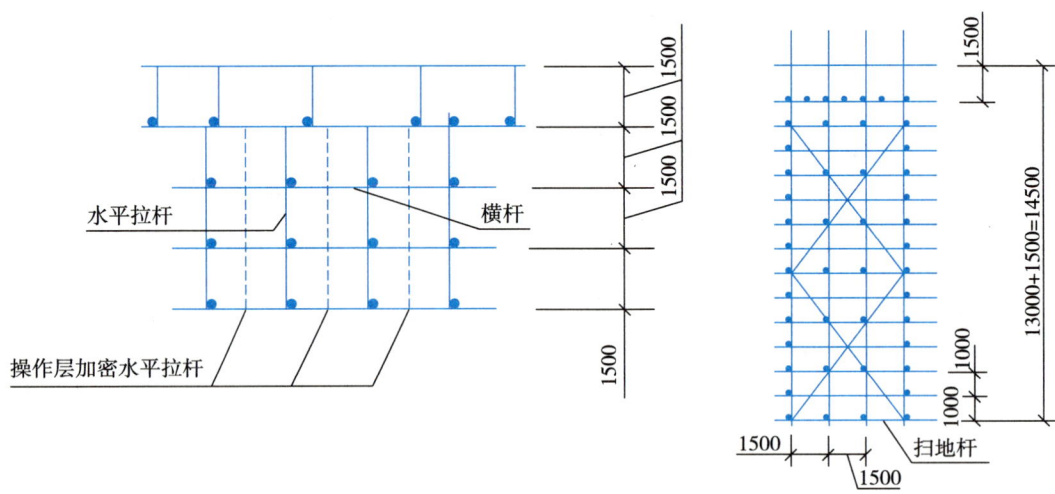

图 3-4　上料平台示意图

服务面积：70m×13m＝910m²

1）杆件计算：

① 立杆：13 根×（14.5m＋0.5m）＝195m（0.5m 为高出外架部分）

② 水平护栏：（4 根/层×14 层）×4.9m/根＝274.4m

③ 水平拉杆：8×2×4.9m＝78.4m

操作层加密：3 根×4.9m/根＝14.7m

④ 剪刀撑长度：每付 2×（$\sqrt{4.5^2+6^2}$＋0.4）m＝15.8m

$$3 \text{ 边}×2 \text{ 层}＝6 \text{ 付}，6 \text{ 付}×15.8\text{m/付}＝94.8\text{m}$$

合计：杆件总长度＝195m＋274.4m＋78.4m＋14.7m＋94.8m＝657.3m

$$\text{重量}＝657.3\text{m}×3.84\text{kg/m}＝2524.03\text{kg}$$

2）扣件

① 直角扣件

$$\text{立杆与水平护栏}（4 \text{ 根}×14）×4 \text{ 套}＝224 \text{ 套}$$

立杆与水平拉杆(8 层×2)×3 套＝48 套

直角扣件合计：224 套＋48 套＝272 套

② 对接扣件

立杆：13×2 个＝26 套　　　　　　　每根取 2 个接头

剪刀撑：6 付×2 根/付×1 个＝12 套　每付取 1 个接头

对接扣件合计：26 套＋12 套＝38 套

③ 回转扣件：6 付×9 套/付＝54 套（每付用 9 套）

④ 底座 13 套

3）脚手板按一层满铺：4.9m×4.5m×0.05m＝1.103m³

脚手板块数：1.103÷0.06＝18 块

挡脚板：4.9m×3 边×0.18m×0.03m＝0.0794m³

挡脚板块数：0.0794÷0.0162＝5 块

4）8 号铅丝

$$18 块(架板)×8 次×2m/块＝288m　　　　共翻板 8 次$$
$$5 块(架板)×8 次×2m/块＝80m　　　　共翻板 8 次$$
$$368m×0.0986kg/m＝36.28kg$$

5）铁钉：8 次×5 块(挡脚板)×4 颗÷279 颗/kg＝0.57kg

6）$\phi 12$ 压头钢筋：18×0.96m×0.888kg/m＝15.34kg

7）缆风绳：两外角各设一道 $\phi 8$ 缆风绳，45°角

缆风绳：$[(14m^2＋14m^2)^{1/2}＋2m]×2$ 根＝43.6m

43.6m×0.395kg/m＝17.22kg

缆风桩：0.113m³/根×2＝0.226m³　　每根取定 0.113m³

固定木：0.032m³/块×2＝0.064m³　　每块取定 0.032m³

合计：0.226m³＋0.064m³＝0.29m³

8）每 100m² 脚手架上料平台材料取定如下：

$\phi 48×3.5$ 钢管：2524.03kg÷910m²×100m²＝277.37kg

直角扣角：272 套÷910m²×100m²＝29.89 套

对接扣角：38 套÷910m²×100m²＝4.18 套

回转扣角：54 套÷910m²×100m²＝5.93 套

底座：13 套÷910m²×100m²＝1.43 套

脚手板：1.103m³÷910m²×100m²＝0.121m³

挡脚板：0.0794m³÷910m²×100m²＝0.009m³

8 号铅丝：36.28kg÷910m²×100m²＝3.99kg

铁钉：0.57kg÷910m²×100m²＝0.06kg

缆风绳：17.22kg÷910m²×100m²＝1.892kg

缆风桩固定木：0.29m³÷910m²×100m²＝0.032m³

$\phi 12$ 压头钢筋：15.34kg÷910m²×100m²＝1.69kg

15m 以内单排脚手架每 100m² 材料消耗量计算，见表 3-26。

定额项目材料消耗量计算表 单位：100m²　　　　表 3-26

章名称：__脚手架工程__　节名称：__外脚手架__　项目名称：__钢管架__　子目名称：__单排高度 15m 以下__

项目		一次使用量	单位	损耗率（%）	合计	项目		一次使用量	单位	损耗率（%）	合计
φ48 钢管	架子	1092.74	kg	4	1424.91	垫木	架子	0.037	m³	1	0.037
	平台	277.37	kg				平台				
直角扣件	架子	120.71	套		105.6	8号铅丝	架子	21.24	kg	2	25.37
	平台	29.89	套				平台	3.99			
对接扣件	架子	24.85	套		29.03	铁钉	架子	0.4	kg	2	0.47
	平台	4.18	套				平台	0.06			
回转扣件	架子	6.15	套		12.08	φ12 钢筋	架子	6.809	kg	2	8.67
	平台	5.93	套				平台	1.69			
底座	架子	4.38	套		5.81	φ8 缆风绳	架子		kg	5	1.99
	平台	1.43	套				平台	1.892			
木脚手板	架子	0.479	m³	1	0.606	缆风桩	架子		m³	1	0.032
	平台	0.121	m³				平台	0.032			
木挡脚板	架子	0.045	m³	1	0.055						
	平台	0.009	m³								

年　　　月　　　日　　　　　　　　复核者　　　　　　　　　　计算者

综上所述，15m 以下单排外脚手架工程工料机消耗量定额见表 3-27。

外脚手架 单位：100m²　　　　表 3-27

工作内容：平土、打垫层、铺垫木、安底座，打缆风桩、拉缆风绳，场内材料运输，搭设脚手架、上料平台、上下翻板子、挡脚板、护身栏杆、扫地杆和拆除后材料的整理堆放。

定额编号				2-1
项目		单位	单价	单排钢管架
				高度在（m）以下
				15
预算价格		元		
其中	人工费	元		
	材料费	元		
	机械费	元		
人工	架子工	工日		6.61
材料	钢管 φ48×3.5	t		(1.425)
	直角扣件 40mm	套		(150.6)
	对接扣件 40mm	套		(29.03)
	旋转扣件 40mm	套		(12.08)
	可调托座 400 型	套		(5.81)
	脚手架板锯材	m³		(0.661)
	其他锯材	m³		0.069
	镀锌铁丝 4mm（8 号）	kg		25.37
	圆钉 60mm	kg		0.47
	φ12 钢筋	kg		8.67
	φ8 缆风绳	kg		1.99
机械	6t 载重汽车	台班		0.11

注：上述消耗量定额中的人工、材料、机械单价或租赁价以当期市场价计入，合成当期企业定额单价。

思 考 题

1. 什么是企业定额？它有哪些特点？
2. 企业定额有哪些作用？
3. 企业定额的编制原则有哪些？
4. 企业定额的编制依据有哪些？
5. 试述企业定额的编制步骤。
6. 试述企业定额的编制方法。

自 测 题

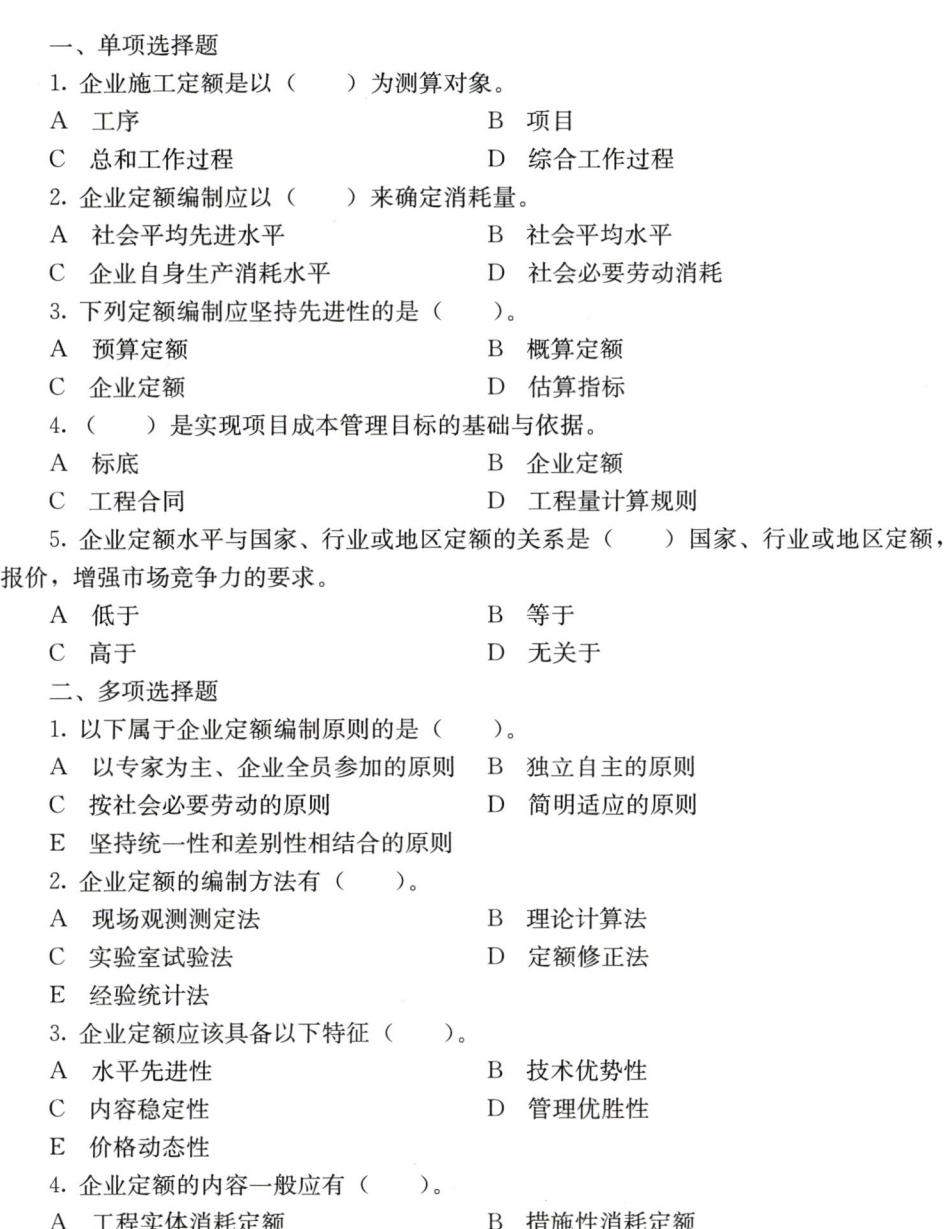

盘扣式脚手架
搭设

一、单项选择题

1. 企业施工定额是以（　　）为测算对象。

A　工序　　　　　　　　　　　　B　项目

C　总和工作过程　　　　　　　　D　综合工作过程

2. 企业定额编制应以（　　）来确定消耗量。

A　社会平均先进水平　　　　　　B　社会平均水平

C　企业自身生产消耗水平　　　　D　社会必要劳动消耗

3. 下列定额编制应坚持先进性的是（　　）。

A　预算定额　　　　　　　　　　B　概算定额

C　企业定额　　　　　　　　　　D　估算指标

4. （　　）是实现项目成本管理目标的基础与依据。

A　标底　　　　　　　　　　　　B　企业定额

C　工程合同　　　　　　　　　　D　工程量计算规则

5. 企业定额水平与国家、行业或地区定额的关系是（　　）国家、行业或地区定额，才能适应投标报价，增强市场竞争力的要求。

A　低于　　　　　　　　　　　　B　等于

C　高于　　　　　　　　　　　　D　无关于

二、多项选择题

1. 以下属于企业定额编制原则的是（　　）。

A　以专家为主、企业全员参加的原则　　B　独立自主的原则

C　按社会必要劳动的原则　　　　D　简明适应的原则

E　坚持统一性和差别性相结合的原则

2. 企业定额的编制方法有（　　）。

A　现场观测测定法　　　　　　　B　理论计算法

C　实验室试验法　　　　　　　　D　定额修正法

E　经验统计法

3. 企业定额应该具备以下特征（　　）。

A　水平先进性　　　　　　　　　B　技术优势性

C　内容稳定性　　　　　　　　　D　管理优胜性

E　价格动态性

4. 企业定额的内容一般应有（　　）。

A　工程实体消耗定额　　　　　　B　措施性消耗定额

C　企业间接费定额　　　　　　D　企业工期定额

E　施工取费定额

5.投标报价的主要内容有（　　）。

A　复核或计算工程量　　　　　B　编制企业定额

C　编制工程量清单　　　　　　D　确定单价，计算合价

E　确定投标价格

4 建筑安装工程人工、材料、机械台班单价的确定方法

造价匠师心语

商品的价值决定了价格。商品的质量、售后服务、支付方式、采购量等都会影响商品的价格。造价师每天和价格打交道，价格数字是简单、纯粹、直接的，但却包罗万象。尊重自己的职业与理想，每一次，都应为企业精打细算，节约成本，明码标价，不给灰色地带留下任何空间。

4.1 人工单价的组成和确定方法

4.1.1 人工单价及其组成内容

1. 人工单价定义

人工单价是指一定技术等级的建筑安装工人一个工作日在计价时应计入的全部人工费用。

2. 人工单价组成内容

人工工日单价反映了一定技术等级的建筑安装生产工人在一个工作日中可以得到的报酬。随着社会发展，薪酬的制度也会随之变化，人工单价组成内容也会发生变化。现常规组成如下：

（1）计时工资或计件工资：是指按计时工资标准和工作时间或对已做工作按计件单价支付给个人的劳动报酬。

（2）奖金：是指对超额劳动和增收节支支付给个人的劳动报酬，如节约奖、劳动竞赛奖等。

（3）津贴补贴：是指为了补偿职工特殊或额外的劳动消耗和因其他特殊原因支付给个人的津贴，以及为了保证职工工资水平不受物价影响支付给个人的物价补贴，如流动施工津贴、特殊地区施工津贴、高温（寒）作业临时津贴、高空津贴等。

（4）加班加点工资：是指按规定支付的在法定节假日工作的加班工资和在法定日工作时间外延时工作的加点工资。

（5）特殊情况下支付的工资：是指根据国家法律、法规和政策规定，因病、工伤、产假、计划生育假、婚丧假、事假、探亲假、定期休假、停工学习、执行国家或社会义务等原因按计时工资标准或计时工资标准的一定比例支付的工资。

4.1.2 人工单价的确定方法

生产工人日工资单价：

$$日工资单价＝\frac{生产工人平均月工资(计时、计件)＋平均月(奖金＋津贴补贴＋特殊情况下支付的工资)}{年平均每月法定工作日}$$

例 4-1 某地区建筑企业生产工人平均月工资 5500 元，工资性补贴 300 元/月，奖金 500 元/月，年平均每月法定工作日 21.75d，求该地区建筑企业生产工人的人工单价。

解 $日工资单价＝\dfrac{生产工人平均月工资(计时、计件)＋平均月(奖金＋津贴补贴＋特殊情况下支付的工资)}{年平均每月法定工作日}$

$$人工单价＝(5000＋300＋500)÷21.75＝266.67 元/工日$$

4.1.3 影响人工单价的因素

影响建筑安装工人人工单价的因素很多，归纳起来有以下方面：

1. 社会平均工资水平

建筑安装工人人工单价必然和社会平均水平趋同，社会平均工资水平取决于经济发展水平，由于我国改革开放以来经济迅速增长，社会平均工资也有大幅增长，从而影响人工单价的大幅提高。

2. 生活消费指数

生活消费指数的提高会影响人工单价的提高，以减少生活水平的下降，或维持原来的生活水平。生活消费指数的变动决定于物价的变动，尤其决定于生活消费品物价的变动。

3. 人工单价的组成内容

例如住房消费、养老保险、医疗保险、失业保险费等列入人工单价，会使人工单价提高。

4. 劳动力市场供需变化

在劳动力市场如果需求大于供给，人工单价就会提高；供给大于需求，市场竞争激烈，人工单价就会下降。

5. 政府推行的社会保障和福利政策也会影响人工单价的变动。

4.2 材料价格的组成和确定方法

4.2.1 材料价格及其组成内容

1. 材料价格定义

材料价格是指材料（包括构件、成品或半成品）从其来源地（或交货地点）到达施工现场工地仓库后出库的综合平均价格，是施工过程中耗费的原材料、辅助材料、构配件、零件、半成品或成品、工程设备的费用。

2. 材料价格的组成内容

材料价格一般由以下四项费用组成：

（1）材料原价：是指材料、工程设备的出厂价格或商家供应价格。

（2）运杂费：是指材料、工程设备自来源地运至工地仓库或指定堆放地点所发生的全部费用。

（3）运输损耗费：是指材料在运输装卸过程中不可避免的损耗。

（4）采购及保管费：是指为组织采购、供应和保管材料、工程设备的过程中所需要的各项费用，包括采购费、仓储费、工地保管费、仓储损耗。

以上四项费用组成材料价格，其计算公式如下：

$$材料价格＝（供应价格＋运杂费）×（1＋运输损耗费率）$$
$$×（1＋采购保管费率）－包装品回收价值 \tag{4-1}$$

工程设备是指构成或计划构成永久工程一部分的机电设备、金属结构设备、仪器装置及其他类似的设备和装置。

$$工程设备单价＝（设备原价＋运杂费）×[1＋采购保管费率] \tag{4-2}$$

4.2.2　材料价格的确定方法

1. 材料原价的确定方法

材料供应价包括材料原价和供应商手续费两部分。

（1）材料原价的确定。材料原价一般是指材料的出厂价或交货地价格或市场批发价，进口材料抵岸价。

同一种材料因产地、生产厂家、交货地点或供应单价不同而出现几种原价时，可根据材料不同来源地、供货数量比例，采用加权平均方法确定其原价。其计算公式如下：

$$G = \sum_{i=1}^{n} G_i f_i \tag{4-3}$$

式中　G——加权平均原价；

　　　G_i——某 i 来源地（或交货地）原价；

　　　f_i——某 i 来源地（或交货地）数量占总材料数量的百分比，即：

$$f_i = \frac{W_i}{W_总} \times 100\% \tag{4-4}$$

式中　W_i——某 i 来源地（或交货地）材料的数量；

　　　$W_总$——材料总数量。

例 4-2　某建筑工程需要二级螺纹钢材，由三家钢材厂供应，其中：甲厂供应 900t，出厂价 3900 元/t；乙厂供应 1200t，出厂价为 4000 元/t；丙厂供应 400t，出厂价 3800 元/t。试求：本工程螺纹钢材的原价。

解
$$W_总＝900＋1200＋400＝2500t$$

$$f_甲 = \frac{W_甲}{W_总} \times 100\% = 36\%$$

$$f_乙 = \frac{W_乙}{W_总} \times 100\% = 48\%$$

$$f_丙 = \frac{W_丙}{W_总} \times 100\% = 16\%$$

该工程螺纹钢的原价＝3900×36%＋4000×48%＋3800×16%＝3932 元/t

（2）供应商手续费的确定。供应商手续费，是指材料不能直接向生产厂家采购、订货而必须经过当地物资部门或供应商供应时发生的经营管理费。

其计算公式如下：

$$供应商手续费＝材料原价×供应商手续费率 \tag{4-5}$$

如果此项费用已包括在供销部门供应的材料原价时，则不应再计算。

$$材料供应价＝材料原价＋供应商手续费 \tag{4-6}$$

2. 材料运杂费的确定

材料运杂费应按国家有关部门和地方政府交通运输部门的规定计算。材料运杂费的大小与运输工具、运输距离、材料装载率、经仓比①等因素都有直接关系。

材料运杂费用，一般按外埠运杂费和市内运杂费两种计算：

（1）外埠运杂费

外埠运杂费是指材料从来源地（或交货地）至本市中心仓库或货站的全部费用。包括：调车（驳般）费、运输费、装卸费、过桥过境费、入库费以及附加工作费。

（2）市内运杂费

市内运杂费是指材料从本市中心仓库或货站运至施工工地仓库的全部费用。包括：出库费、装卸费和运输费等。

同一品种的材料如有若干个来源地，其运杂费根据每个来源地的运输里程、运输方法和运输标准，用加权平均的方法计算运杂费。

即
$$\text{加权平均运杂费} = \frac{W_1 T_1 + W_2 T_2 + \cdots + W_n T_n}{W_1 + W_2 + \cdots + W_n} \tag{4-7}$$

式中　W_1，W_2，$\cdots$，W_n——各不同供应点的供应量或各不同使用地点的需要量；

T_1，T_2，$\cdots$，T_n——各不同运距的运杂费。

注意：在运杂费中需要考虑为了便于材料运输和保护而发生的包装费。

材料包装费，包括水运和陆运的支撑立柱、篷布、包装袋、包装箱、绑扎等费用。材料运到现场或使用后，要对包装品进行回收，回收价值要冲减材料价格。包装费计算通常有两种情况：

（1）材料出厂时已经包装的（如袋装水泥、玻璃、钢钉、油漆等），这些材料的包装费一般已计入材料原价内，不再另行计算。但包装材料回收值，应从包装费中予以扣除。计算公式如下：

$$\text{包装材料回收值} = \frac{\text{包装材料原价} \times \text{回收量比例} \times \text{回收折价率}}{\text{包装器标准容量}} \tag{4-8}$$

包装材料的回收量比例及回收折价率，一般由地区主管部门制定标准执行。若地区无规定，可按实际情况，参照表4-1。

包装品回收标准 表 4-1

包装材料名称		回收率（%）	回收价值率（%）	残值回收率（%）
木桶、木箱		70	20	5
木杆		70	20	3
竹制品		—	—	10
铁制品	铁桶	95	50	3
	铁皮	50	50	—
	铁丝	20	50	—
纸袋、纤维袋		50	50	—
麻袋		60	50	—
玻璃陶瓷制品		30	60	—

---

① 经仓比：材料经由当地物资部门或供应商供应时，其所占比例。

例 4-3 某工程所用木材，采用铁路运输方式，在运输过程中，每个车皮可装木材料 30m³，每个车皮需要用包装用的车柱 10 根，每根 8 元，铁丝 10kg，每 5 元/kg。试求每立方米木材料的包装费。

解
$$每立方米木材包装材料原值 = \frac{10 \times 8 + 10 \times 5}{30} = 4.33 \ 元$$

参照表 4-1，可知包装材料的车立柱的回收量比例为 70%，回收折价率为 20%，铁丝回收量比例为 20%，回收折价率为 50%，则：

$$车立柱回收价值 = (10 \times 70\%) \times (8 \times 20\%) = 11.20 \ 元$$

$$铁丝回收价值 = (10 \times 20\%) \times (5 \times 50\%) = 5 \ 元$$

$$折合成每立方米回收值 = \frac{11.2 + 5}{30} = 0.54 \ 元$$

由此可知，木材包装费为：4.33 - 0.54 = 3.79 元/m³

（2）材料由采购单位自备包装材料（或容器）的，应计算包装费，并计入材料预算价格内。如包装材料不是一次性报废材料，应按多次使用、多次加权摊销的方法计算，其计算公式如下：

$$自备包装品的包装费 = \frac{包装品原价 \times (1 - 回收量率 \times 回收价值率) + 使用期间维修费}{周转使用次数 \times 包装容器标准容量}$$

$$(4-9)$$

式中　　　　　　　使用期间维修费 = 包装品原价 × 使用期维修费率

关于维修费率，铁桶为 75%，其他不计。关于周转使用次数，铁桶 15 次，纤维制品 5 次，其余不计。

3. 材料运输损耗费的确定

材料运输损耗费是指材料在装卸、运输过程中的不可避免的合理损耗。

材料运输损耗可以计入运杂费用，也可以单独计算，其计算公式如下：

$$材料运输损耗 = (材料原价 + 运杂费) \times 相应材料运输损耗率 \qquad (4-10)$$

4. 材料采购及保管费的确定

材料采购及保管费一般按规定费率计算。其计算公式如下：

$$材料采购及保管费 = (材料原价 + 运杂费 + 运输损耗费) \times 采购及保管费率 \quad (4-11)$$

式中　采购及保管费率一般在 2.5% 左右，各地区可根据实际情况来确定。

例 4-4 某工程采用袋装水泥，由甲、乙两家水泥厂直接供应。甲水泥厂供应量为 5000t，出厂价 280 元/t，汽车运距 35km，运价 1.2 元/(t·km)，装卸费 8 元/t；乙水泥厂供应量为 7000t，出厂价 260 元/t，汽车运距 50km，运价 1.2 元/(t·km)，装卸费 7.5 元/t。已知：每吨水泥 20 袋，包装纸袋已包括在出厂价内，每只水泥袋原价 2 元，运输损耗率 2.5%，采购保管费率 3%。

求该工程水泥价格。

解　根据材料价格的计算公式：

$$材料价格 = (原价 + 运杂费 + 运输损耗费)$$
$$\times (1 + 采购及保管费率) - 包装品回收价值$$

（1）原价 = (280 × 5000 + 260 × 7000) ÷ 12000 = 268.33 元/t

（2）平均运距＝(35×5000＋50×7000)÷12000＝43.75km

水泥的运杂费＝43.75×1.2＝52.50 元/t

（3）平均装卸费＝(8×5000＋7.5×7000)÷12000＝7.71 元/t

（4）运输损耗＝(268.33＋52.50＋7.71)×2.5％＝8.21 元/t

（5）水泥袋的回收价值

查表 4-1 包装品回收标准可知，水泥袋回收率为 50％，回收价值率为 50％。即：

水泥袋回收价值＝20×2×50％×50％＝10 元/t

（6）水泥的价格＝(268.33＋52.50＋7.71＋8.21)×(1＋3％)－10＝336.85 元/t

4.2.3 影响材料预算价格变动的因素

（1）市场供求变化。材料原价是材料预算价格中最基本的组成。市场供给大于需求，价格就会下降；反之，价格就会上升。市场供求变化会影响材料预算价格的涨落。

（2）材料生产成本的变动，直接涉及材料预算价格的波动。

（3）流通环节的多少和材料供应体制也会影响材料预算价格。

（4）运输距离和运输方法的改变会影响材料运输费用的增减，从而也会影响材料价格。

（5）国际市场行情会对进口材料价格产生影响。

4.3 施工机械台班单价的组成和确定方法

4.3.1 施工机械台班单价及其组成内容

1. 施工机械台班单价的概念

施工机械单价以"台班"为计量单位，机械工作 8h 称为"一个台班"。施工机械台班单价是指一个施工机械，在正常运转条件下一个台班中所支出和分摊的各种费用之和。

施工机械台班单价的高低，直接影响建筑工程造价和企业的经营效果，确定合理的施工机械台班单价，对提高企业的劳动生产率、降低工程造价具有重要的意义。

2. 施工机械台班单价的构成

施工机械台班单价由两类费用组成，即第一类费用和第二类费用。

（1）第一类费用（亦称不变费用）。这一类费用不因施工地点和条件不同而发生变化，它的大小与机械工作年限直接相关，其内容包括以下四项：

1）机械台班折旧费。

2）机械台班大修费。

3）机械台班经常修理费。

4）机械台班安拆费及场外运输费。

（2）第二类费用（亦称可变费用）。这类费用是机械在施工运转时发生的费用，它常因施工地点和施工条件的变化而变化，它的大小与机械工作台班数直接相关，其内容包括以下三项：

1）人工费。

2）燃料动力费。

3）施工机械税费。

4.3.2 施工机械台班单价的确定方法

1. 第一类费用的计算

（1）机械台班折旧费，是指施工机械在规定使用期限内，每一台班所摊的机械原值、支付及贷款利息的费用。其计算公式如下：

$$机械台班折旧费=\frac{机械预算价格\times(1-残值率)\times机械时间价值系数}{耐用总台班} \tag{4-12}$$

式中　机械预算价格——机械出厂价格（或到岸完税价格）加上供应部门手续费和出厂地点到使用单位的全部运杂费。

$$残值率=\frac{机械报废时回收残值}{机械预算价格}\times100\% \tag{4-13}$$

残值率按国家有关文件规定，详见表4-2。

机械残值率取定表　　表 4-2

序号	机械种类	机械残值率（%）
1	运输机械	2
2	特大型机械	3
3	中小型机械	4
4	掘进机械	5

机械时间价值系数指购置施工机械的资金在施工生产过程中随时间的推移而产生的单位增值。其计算公式如下：

$$机械时间价值系数=1+\frac{(n+1)i}{2} \tag{4-14}$$

式中　n——机械折旧年限；

i——年折现率，根据编制期银行年贷款利率确定。

耐用总台班指机械在正常施工条件下，从投入使用直到报废为止，按规定应达到的使用总台班数。其计算公式为：

$$耐用总台班=折旧年限\times年工作台班$$
$$=大修间隔台班\times大修周期$$
$$=大修间隔台班\times(寿命期内大修次数+1) \tag{4-15}$$

式中　大修间隔台班——机械自投入使用起至第一次大修或自上一次大修投入使用起至下一次大修止，应达到的使用台班数。

大修周期——机械正常的施工条件下，将其耐用总台班按规定的大修总次数划分为若干周期。

（2）机械台班大修费，是指按规定的大修间隔期进行大修的费用。其计算公式如下：

$$机械台班大修费=\frac{一次修理费\times机械寿命期内大修次数}{耐用总台班} \tag{4-16}$$

例 4-5　某施工机械耐用总台班数为 5000 台班，大修间隔台班为 1000 台班，一次大修费为 15000 元，该机械预算价格为 100 万元，银行贷款利率为 5%，残值率为 3%。试求该机械台班折旧费和大修费。

解 该机械寿命期内大修次数 $=\dfrac{5000}{1000}-1=4$ 次

机械时间价值系数 $=1+\dfrac{(n+1)i}{2}=1+\dfrac{(4+1)\times 5\%}{2}=1.125$

则机械台班折旧费 $=\dfrac{1000000\times(1-3\%)\times 1.125}{5000}=218.25$ 元/台班

机械台班大修费 $=\dfrac{15000\times 4}{5000}=12$ 元/台班

(3) 机械台班经常修理费,是指机械中修及定期各级保养的费用,包括:机械各级保养费、机械临时故障排除费用、机械停置期间维护保养费、替换设备及工具附具台班摊销费、日常保养所需润滑擦拭材料的费用。其计算公式如下:

$$机械台班经常修理费=\frac{\sum(各级保养一次费用\times 寿命期内各级保养次数)}{耐用总台班}$$
$$+\frac{临时故障排除费+替换设备费和工具附具费+例保辅料费}{耐用总台班}$$

$$(4-17)$$

式中　各级保养一次费用——机械在各个使用周期内,为保证处于完好使用状况,必须按规定的各级保养间隔周期、保养范围、保养内容所进行的定期保养所消耗的工时、配件、辅料、油燃料等费用;

临时故障排除费——机械除规定的大修及各级保养以外,临时故障排除所需费用,可按各级保养费用之和的 3% 计算;

例保辅料费——机械日常保养所需润滑擦拭材料的费用。

为简化计算,编制施工机械台班费用定额时也可采用下列公式计算:

$$机械台班经常修理费=机械台班大修费\times K \qquad (4-18)$$

式中　K——机械台班经常维修系数,其数值为:

$$K=\frac{机械台班经常修理费}{机械台班大修费} \qquad (4-19)$$

K 值一般取定:载重汽车为 1.46,自卸汽车为 1.52,塔式起重机为 1.69 等。

(4) 机械台班安拆费及场外运输费。分别为:

1) 机械台班安拆费,是指机械在施工现场进行安装、拆卸所需的人工、材料、机械费、试运费及安装所需辅助设施的费用(包括安装机械的基础、底座、固定桩、行走轨道、枕木等的折旧费及搭设、拆除费用)。计算公式为:

$$机械台班安拆费=\frac{机械一次安拆费\times 年平均安拆次数}{年工作台班}+台班辅助设施费 \qquad (4-20)$$

式中　　　　台班辅助设施费 $=\sum\dfrac{一次使用量\times 相应单价\times(1-残值率)}{年工作台班}$

2) 机械台班场外运输费,是指机械整体或分体自停置地点运至施工现场或由一工地运至另一工地的运输、装卸、辅助材料及架线等费用。其计算公式为:

$$机械台班场外运输费=\frac{\left(\begin{array}{c}一次运输\\及装卸费\end{array}+\begin{array}{c}辅助材料\\一次摊销费\end{array}+一次架线费\right)\times 年平均场外运输次数}{年工作台班}$$

$$(4-21)$$

注意：大型机械的安拆费及场外运输费应另行计算。

2. 第二类费用的计算

（1）机械台班人工费，是指专业操作机械的司机、司炉和其他操作人员的基本工资和其他工资津贴。其计算公式如下：

$$机械台班人工费＝定额机上人工工日×日工资单价 \tag{4-22}$$

式中

$$定额机上人工工日＝机上定员工日×（1＋增加工日系数）$$

$$增加工日系数＝\frac{年日历天数－规定节假公休日－辅助工资年非工作日－机械年工作台班}{机械年工作台班}$$

增加工日系数取定 0.25。

（2）机械台班燃料动力费，是指机械设备在运转或施工作业中所耗用的燃料（汽油、柴油、煤炭、木材等）、电力、水等的费用。其计算公式为：

$$机械台班燃料动力费＝每台班所消耗的动力消耗量×相应单价 \tag{4-23}$$

（3）施工机械税费，是指施工机械按照国家规定应缴纳的车船使用税、保险费及年检费等。

$$施工机械税费＝\frac{年车船使用税＋年保险费＋年检费用}{年工作台班} \tag{4-24}$$

汇总机械台班单价以上各项组成费用，机械台班单价计算公式如下：

$$机械台班单价＝机械台班折旧费＋机械台班大修费＋机械台班经常修理费$$
$$＋机械台班安拆费及场外运输费＋机械台班人工费$$
$$＋机械台班燃料动力费＋施工机械税费 \tag{4-25}$$

例 4-6 计算某地 10t 自卸汽车的台班使用费。有关资料如下：

机械预算价格 250000 元/台，使用总台班 3150 台班，大修间隔台班 625 台班，年工作台班 250 台班，一次大修费 26000 元，经常修理费系数 $K＝1.52$，替换设备、工附具费及润滑材料费 45.10 元/台班，机上人工消耗 2.50 工日/台班，人工单价 135 元/工日，柴油耗用 45.60kg/台班，柴油预算价格 8.89 元/kg。

解 第一类费用计算：

（1）机械台班折旧费＝250000×（1－6％）÷3150＝74.60 元/台班

（2）机械台班大修次数＝（3150÷625）－1＝5－1＝4 次

机械台班大修费＝（26000×4）÷3150＝33.02 元/台班

（3）机械台班经常修理费＝33.02×1.52＝50.19 元/台班

第一类费用小计：157.81 元/台班。

第二类费用计算：

（4）机械台班人工费＝2.50×135＝337.5 元/台班

（5）机械台班柴油费＝45.60×8.89＝405.38 元/台班

第二类费用小计：742.88 元/台班。

所以 10t 自卸汽车的台班使用费为：900.69 元/台班。

4.3.3 影响机械台班单价的因素

（1）施工机械的本身价格。从机械台班折旧费计算公式可以看出，施工机械本身价格的大小直接影响到折旧费用，它们之间成正比关系，进而直接影响施工机械台班单价。

（2）施工机械使用寿命。施工机械使用寿命通常指施工机械更新的时间，它是由机械自然因素、经济因素和技术因素所决定的。施工机械使用寿命不仅直接影响施工机械台班折旧费，而且也影响施工机械的大修费和经常修理费，因此它对施工机械台班单价大小的影响较大。

（3）施工机械的使用效率、管理水平和市场供需变化。施工企业的管理水平高低，将直接体现在施工机械的使用效率、机械完好率和日常维护水平上，它将对施工机械台班单价产生直接影响，而机械市场供需变化也会造成机械台班单价提高或降低。

（4）国家及地方征收税费（包括燃料税、车船使用税、保险费等）政策和有关规定。国家地方有关施工机械征收税费政策和规定，将对施工机械台班单价产生较大影响，并会引起相应的波动。

思 考 题

1. 什么是人工单价，它由哪几部分组成，如何确定？

2. 影响人工单价的主要因素有哪些？

3. 什么是材料价格，它由哪几部分组成，如何确定？

4. 影响材料价格的主要因素有哪些？

5. 什么是机械台班单价，它由哪几部分组成，如何确定？

6. 已知某施工机械预算价格为 10 万元，使用寿命为 8 年，银行年贷款利率为 7%，残值率为 2%，机械耐用台班数为 2000 台班。试求该机械台班折旧费。

7. 某施工机械预计使用 10 年，耐用总台班数为 3000 台班，使用期内有 4 个大修周期，一次大修费为 5000 元。试求该机械台班大修费。

8. 某工程购置袋装水泥 100t，供应价为 300 元/t，运杂费为 30 元/t，运输损耗率为 2.5%，采购及保管费率为 3%。求该工程水泥的价格。

9. 某工程需采购特种钢材 50t，出厂价为 5500 元/t，供销部门手续费率为 1%，材料运杂费为 60 元/t，运输损耗率为 2%，采购及保管费率为 5%。试求该特种钢材的价格。

10. 某施工机械年工作台班为 400 台班，年平均安拆 0.85 次，机械一次安拆费为 20000 元，台班辅助设施费为 150 元。试求该施工机械的台班安拆费。

自 测 题

一、单项选择题

1. 完成 10m³ 需消耗砖墙净量 10000 块，有 500 块的损耗量，则材料损耗率和材料消耗定额分别为（　　）。

　A　5%，1000 块/m³　　　　　　B　5%，1050 块/m³

　C　4.76%，1050 块/ m³　　　　D　4.76%，1000 块/ m³

2. 施工机械耐用总台班数，指机械从投入使用至（　　）前的总台班数。

　A　大修　　　　　　　　　　　B　报废

　C　一项工程竣工　　　　　　　D　满 5 年

3. 建安工程人工单价除计时或计件工资以外，还应包括（　　）。

　A　津贴补助、加班加点工资、奖金、特殊情况下支付的工资

　B　津贴补助、加班加点工资、劳动保护费

C 津贴补助、加班加点工资、职工福利费

D 津贴补贴、加班加点工资、劳保福利费

4. 某机械预算价格为 10 万元，耐用总台班为 4000 台班，大修间隔台班为 800 台班，一次大修费为 4000 元，则机械台班大修费为（　　）。

A 1 元 　　　　　　　　　　　　　 B 2.5 元

C 4 元 　　　　　　　　　　　　　 D 5 元

5. 某种材料供应价 145 元/t，不需包装，运输费为 37.28 元/t，运输损耗为 14.87 元/t，采购保管费率为 2.5%，则该材料预算价格为（　　）元/t。

A 200.78 　　　　 B 202.08 　　　　 C 201.71 　　　　 D 201.15

6. 材料预算价格是指材料由交货地运到（　　）后的价格。

A 施工工地 　　　　　　　　　　　 B 施工操作地点

C 施工工地仓库出库 　　　　　　　 D 施工工地仓库

7. 下列（　　）费用不属于机械台班单价组成部分。

A 折旧费 　　　　　　　　　　　　 B 大修及经常修理费

C 大型机械进退场费 　　　　　　　 D 机上人工及燃料动力费

8. 与台班折旧费的计算相关的是（　　）。

A 残值率 　　　　　　　　　　　　 B 贷款利息系数

C 物价上涨系数 　　　　　　　　　 D 耐用总台班

9. 某施工机械预算使用 8 年，耐用总台班数为 2000 台班，使用期内有 3 个大修周期，一次大修费为 4500 元，则机械台班大修费为（　　）元。

A 6.75 　　　　　　　　　　　　　 B 4.50

C 0.84 　　　　　　　　　　　　　 D 0.56

二、多项选择题

1. 在下列费用中，应列入建筑安装工程直接费中人工工日工资综合单价的有（　　）。

A 生产工人劳动保护费 　　　　　　 B 生产工人辅助工资

C 生产工人退休工资 　　　　　　　 D 生产工人福利费

E 生产职工教育经费

2. 影响材料预算价格变动的主要因素有（　　）。

A 材料生产成本 　　　　　　　　　 B 材料供应体制

C 市场需要情况 　　　　　　　　　 D 运输距离及方式

E 材料的消耗水平

3. 机械台班单价组成的内容有（　　）。

A 预算价格 　　　　　　　　　　　 B 大修费

C 经常修理费 　　　　　　　　　　 D 燃料、动力费

E 机上操作人员的工资

4. 机械台班折旧费的计算依据包括（　　）。

A 机械预算价格 　　　　　　　　　 B 残值率

C 机械现场安装费 　　　　　　　　 D 贷款利息系数

E 耐用总台班数

5. 组成材料预算价格组成内容包括（　　）。

A 材料供应价 　　　　　　　　　　 B 采购保管费

C 场外运输费及损耗 　　　　　　　 D 场内运输费

E 包装费

三、计算题

某工程使用的白石子这种地方材料，经货源调查后确定，甲厂可以供货 30%，原价 75 元/t；乙厂可供货 25%，原价为 70 元/t；丙厂可供货 10%，原价 83.20 元/t；丁厂可供货 35%，原价 72 元/t。甲乙两厂为水路运输，甲厂运距 60km，乙厂运距 67km，运费 0.35 元/km，卸费 2.8 元/t，船费 1.3 元/t，途中损耗 2.5%。丙、丁两厂为汽车运输，运距分别为 50km 和 58km，运费 0.40 元/km。调车费 1.35 元/t，装卸费 2.30 元/t，途中损耗 3%。材料包装费均为 10 元/t，采购保管费率 2.8%，试计算白石子的预算价格。

5　预 算 定 额

5.1　概　　述

5.1.1　预算定额的概念

　　建筑工程预算定额简称预算定额，是指在正常合理的施工条件下，规定完成一定计量单位分项工程或结构构件所必需的人工、材料、机械台班的消耗数量标准。例如，住房和城乡建设部 2015 年发布的《房屋建筑与装饰工程消耗量定额》中，砌筑工程部分砖墙项目规定，完成 $10m^3$ 一砖混水砖墙需用：

1. 人工

　　合计工日：11.251 工日（其中普工 2.756 工日，一般技工 7.281 工日，高级技工 1.241 工日）。

2. 材料

　　(1) 干混砌筑砂浆 DM M10：$2.313m^3$。

　　(2) 烧结煤矸石普通砖 240×115×53：5.337 千块。

　　(3) 水：$1.060m^3$。

　　(4) 其他材料费：0.180 元。

3. 机械

　　干混砂浆罐式搅拌机：0.228 台班。

　　预算定额作为一种数量标准，除了规定完成一定计量单位的分项工程或结构构件所需人工、材料、机械台班数量外，还必须规定完成的工作内容和相应的质量标准及安全要求等内容。

　　预算定额是由国家主管机关或被授权单位组织编制并颁发执行的一种技术经济指标，是工程建设中一项重要的技术经济文件，它的各项指标反映了国家对承包商和业主在完成施工承包任务中消耗的活劳动和物化劳动的限度。这种限度它体现了业主与承包商的一种经济关系，最终决定着一个项目的建设工程成本和造价。

　　为适应社会主义市场经济体制，加快工程造价管理的改革步伐，2013 年住房和城乡建设部颁布了国家标准《建设工程工程量清单计价规范》GB 50500—2013，2015 年住房和城乡建设部又批准颁布了《房屋建筑与装饰工程消耗量定额》TY 01—31—2015，逐步改革过去以固定"量""价""费"定额为主导的静态管理模式，提出了"控制量、指导价、竞争费"的改革措施，逐步深化了工程计价主要依据市场变化动态管理的改革，建立以市场形成价格为主的价格机制改革思路。

目前，存在着"双轨制"模式，即国有投资项目必须执行《房屋建筑与装饰工程消耗量定额》《建设工程工程量清单计价规范》，非国有投资项目可以执行本地区的预算定额或完全按企业定额自主报价。

5.1.2　预算定额的分类

预算定额按不同专业性质、管理权限和执行范围及构成生产要素的不同进行分类，其具体分类如图 5-1 所示。

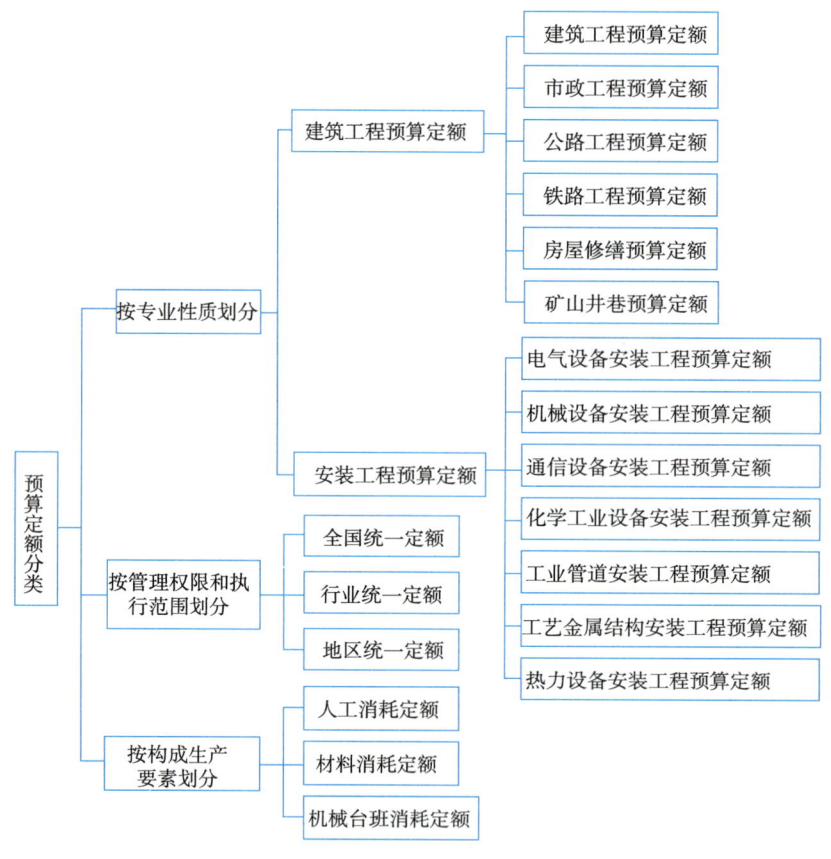

图 5-1　预算定额分类

5.1.3　预算定额与施工定额的关系

预算定额和施工定额都是施工企业实行科学管理的工具，预算定额是在施工定额（劳动定额、材料消耗定额、机械台班消耗定额）的基础上，经过综合计算，考虑各种综合因素编制而成的，二者之间有着密切的关系。但是这两种定额有许多方面是不同的，主要区别在于：

1. 两种定额水平确定的原则不同

预算定额依据社会消耗的平均劳动时间确定其定额水平，它要综合考虑不同企业、不同地区、不同工人之间存在的水平差距，注意能够反映大多数地区、企业和工人，经过努力能够达到和超过的水平。因此，预算定额基本上反映了社会平均水平，预算定额中的人工、材料、机械台班消耗量不是简单套用施工定额水平的合计。施工定额是按社会平均先进水平来确定其定额水平，它比预算定额的水平要高出10％～15％，并且预算定额同施工定额相比包含了更多的施工定额中没有纳入的影响生产消耗的因素。

2. 两种定额的性质不同

施工定额是依据企业内部使用的定额，是施工企业确定工程计划成本以及进行成本核算的依据，它的项目是以工序为对象的，项目划分较细。而预算定额不是企业内部使用的定额，它是一种具有广泛用途的计价定额，它的项目以分项工程或结构构件为对象，故项目划分较施工定额粗些。

5.1.4 建筑工程预算定额的作用

1. 预算定额是确定和控制工程造价的依据

预算定额是编制施工图预算，确定和控制建筑安装工程造价的基础。施工图预算是施工图设计文件之一，是确定和控制建筑工程造价的必要手段。编制施工图预算，主要依据施工图设计文件和预算定额及人工、材料、机械台班的价格。施工图一旦确定后，工程造价大小更多取决于预算定额水平的高低，预算定额是确定劳动力、材料、机械台班消耗的标准，它对工程直接费影响很大，对整个建筑产品的造价起着控制作用。

2. 预算定额是对设计方案进行技术经济分析的依据

设计方案在设计工作中处于中心地位，设计方案又是直接影响工程造价大小的最重要因素之一，对设计方案的选择既要综合技术先进、适用、美观大方的要求，更要注重经济合理的要求。根据建筑工程预算定额，对建筑结构方案进行经济分析和比较，是选择经济合理的设计方案的重要方法。

3. 预算定额是编制施工组织设计的依据

施工企业根据设计图纸、项目总体要求编制施工组织设计，确定施工平面图、施工进度计划及人工、材料、机械台班等资源需用量和物料运输方案，不仅是建设和施工中必不可少的准备工作，也是保证施工任务顺利实现的条件。而施工组织设计编制中，劳动力、材料、机械台班数量，必须依据预算定额的人工、材料、机械台班的消耗标准来确定。

4. 预算定额是施工企业进行经济核算的依据

项目法全面推广，项目经理作为自负盈亏的新型经济实体，对项目实行经济核算显得尤为重要。实行经济核算的根本目的，是用经济的方法促使企业在保证质量和工期的条件下，用较少的劳动消耗取得最好的经济效果。目前，在企业定额还没有全面普及和推广的情况下，预算定额可作为反映施工企业收入水平的重要依据。因此，施工企业必须以预算定额作为各项工作完成好坏的尺度，作为努力的具体目标。只有在施工中不断提高劳动生产率，采用新工艺、新方法，加强组织管理，降低劳动消耗，才能达到和超过预算定额的水平，取得较好的经济效果。

5. 预算定额是编制标底、投标报价的基础

招标投标的全面推广、如何合理地编制标底、投标报价是招标投标工作的关键。在市场经济体制下，定额作为编制标底的依据和发挥施工企业报价的基础性作用，仍将存在并继续进行，这是定额本身的科学性、系统性、指导性所决定的。

6. 预算定额是编制概算定额和概算指标的基础

概算定额是在预算定额的基础上编制的，概算指标的编制往往需要对预算定额进行对比分析和参考。利用预算定额编制概算定额和概算指标既可以使概算定额和概算指标在水平上和预算定额一致，又可以节省编制工作中大量的人力、物力和时间，收到事半功倍的效果。

5.1.5　预算定额的编制原则

为了保证预算定额的质量、充分发挥预算定额的作用以及在实际使用中的简便，在预算定额编制工作中应遵循以下原则：

1. 按社会平均必要劳动确定预算定额水平的原则

社会平均必要劳动即社会平均水平，是指在社会正常生产条件、合理施工组织和工艺条件下，以社会平均劳动强度、平均劳动熟练程度、平均的技术装备水平下确定完成每一分项工程或结构构件所需的劳动消耗，作为确定预算定额水平的主要原则。

预算定额水平是以施工定额水平为基础的，二者之间有着密切的关系，但预算定额水平不是简单地套用施工定额的水平，而应综合考虑各种变化因素，预算定额是按社会平均水平来确定定额水平的，而施工定额是按社会平均先进水平来确定定额水平的，施工定额水平要比预算定额水平更高一些。

2. 简明适用、通俗易懂的原则

预算定额的内容和形式，既要满足各方面的要求，又要便于使用，要做到定额项目设置齐全、项目划分合理，定额步距要适当，文字说明要清楚、简练、易懂。

所谓定额步距，是指同类一组定额相互之间的间隔。对于主要的、常用的、价值量大的项目，定额划分要细一些，步距小一些；对于次要的、不常用的、价值量小的项目，定额可以划分粗一些，步距大一些。

在预算定额编制中，项目应尽可能齐全完整，要将已经成熟和推广的新技术、新结构、新材料、新工艺项目编入定额。同时，还应注意定额项目计量单位的选择和简化工程量的计算。

3. 坚持统一性和差别性相结合的原则

所谓统一性，就是从培育全国统一市场规范计价行为出发，计价定额的制定规划和组织实施由国务院建设行政主管部门归口管理，并负责全国统一定额的制定或修订，颁发有关工程造价管理的规章制度和办法等。这样就有利于通过定额和工程造价的管理实现建筑安装工程价格的宏观调控。通过编制全国统一定额，使建筑安装工程具有一个统一的计价依据，也使考核设计和施工的经济效果具有一个统一的尺度。

所谓差别性，就是在统一性的基础上，各部委和省、自治区、直辖市主管部门可以在自己的管辖范围内，根据本部门和地区的具体情况，制定部门和地区性定额、补充性制度和管理办法，以适应我国幅员辽阔情况下地区间、部门间发展不平衡和差异大的实际情况。

5.1.6　预算定额编制依据

1. 现行有关定额资料

编制预算定额所依据的有关定额资料，主要内容包括以下几种：

（1）现行的施工定额；

（2）现行的预算定额；

（3）现行的单位估价表。

2．典型的设计资料

编制预算定额所依据的典型设计资料，主要内容如下：

（1）国家或地区颁布的标准图集或通用图集；

（2）有关构件产品的设计图集；

（3）具有代表性的典型的施工图纸。

3．现行有关规范、规程、标准

编制预算定额所依据的有关规范、规程、标准，主要内容包括：

（1）现行建筑安装工程施工验收规范；

（2）现行建筑安装工程设计规范；

（3）现行建筑安装工程施工操作规程；

（4）现行建筑安装工程质量评定标准；

（5）现行建筑安装工程施工安全操作规程。

4．新技术、新结构、新材料和新工艺等

5．国家和各地区以往颁发的其他定额编制基础资料、价格及有关文件规定

5.1.7　预算定额的编制步骤

预算定额的编制，大致可分为五个阶段：即，准备工作阶段、收集资料阶段、定额编制阶段、定额审核阶段和定稿报批、整理资料阶段，如图 5-2 所示。

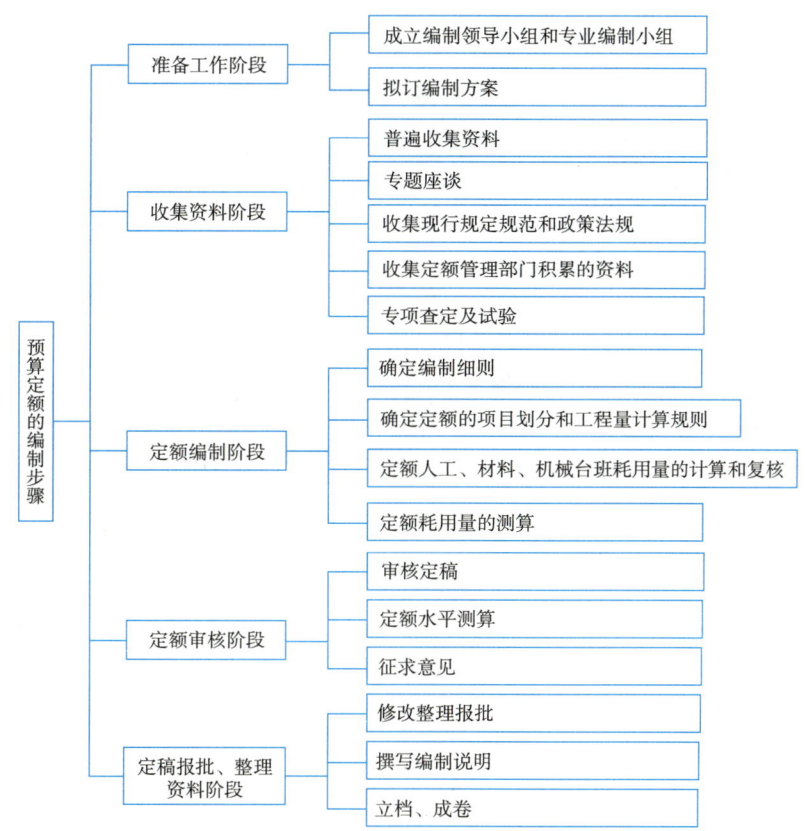

图 5-2　预算定额的编制步骤

5.2 预算定额的编制方法

5.2.1 确定预算定额项目名称和工程内容

预算定额项目名称，是指一定计量单位的分项工程或结构构件及其所含子目的名称。定额项目和工程内容，一般是按施工工艺结合项目的规格、型号、材质等特征要求进行设置的，同时应尽可能反映科学技术的新发展、新材料、新工艺，使其能反映建筑业的实际水平和具有广泛的代表性。

5.2.2 确定预算定额的计量单位

1. 计量单位确定原则

预算定额的计量单位的确定，应与定额项目相适应，预算定额与施工定额计量单位往往不同，施工定额的计量单位一般是按工序或施工过程来确定，而预算定额的计量单位主要是根据分项工程或结构构件的形体特征变化确定。预算定额计量单位的确定首先要确切反映分项工程或结构构件的实物消耗量；其次要有利于减少项目、简化计算的目的；再次要能较准确反映定额所包括的综合工作内容。

2. 计量单位的选择

定额计量单位的选择，主要根据分项工程或结构构件的形体特征和变化规律，按公制或自然计量单位来确定，详见表 5-1。

预算定额计量单位的选择 表 5-1

序号	构件形体特征及变化规律	计量单位	实例
1	长、宽、高（厚）三个度量均变化	m^3	土方、砌体、钢筋混凝土构件、桩等
2	长、宽两个度量变化，高（厚）一定	m^2	楼地面、门窗、抹灰、油漆等
3	截面形状、大小固定、长度变化	m	楼梯、木扶手、装饰线等
4	设备和材料重量变化大	t 或 kg	金属构件、设备制作安装
5	形状没有规律且难以度量	套、台、座、件（个或组）	铸铁头子、弯头、洁具安装、栓类、阀门等

预算定额中各项人工、材料和机械台班的计量单位的选择，相对比较固定，详见表 5-2。

定额计量单位选择方法表 表 5-2

序号	项目	计量单位	小数位数
1	人工	工日	二位小数
2	机械	台班	二位小数
3	钢材	t	三位小数
4	木材	m^3	三位小数
5	水泥	kg	零位小数（取整数）
6	其他材料	与产品计量单位基本一致	二位小数

5.2.3 按典型文件图纸和资料计算工程量

计算工程量的目的，是通过计算出典型设计图纸或资料所包括的施工过程的工程量，使之在编制建筑工程预算定额时，有可能利用施工定额的人工、机械和材料消耗量指标来确定预算定额的消耗量。

5.2.4 预算定额人工、材料和机械台班消耗量指标的确定

1. 人工消耗量指标的确定

预算定额的人工消耗量指标，指完成一定计量单位的分项工程或结构构件所必需的各种用工数量。人工的工日数确定有两种基本方法：一种是以施工的劳动定额为基础来确定；另一种是采用现场实测数据为依据来确定。

（1）以劳动定额为基础的人工工日消耗量的确定

以劳动定额为基础的人工工日消耗量的确定包括基本用工和其他用工。

1）基本用工。基本用工是指完成一定计量单位的分项工程或结构构件所必须消耗的技术工种用工。这部分工日数按综合取定的工程量和相应劳动定额进行计算。

$$基本用工消耗量＝\sum（各工序工程量×相应的劳动定额） \tag{5-1}$$

2）其他用工。其他用工是指劳动定额中没有包括而在预算定额内又必须考虑的工时消耗。其内容包括辅助用工、超运距用工和人工幅度差。

① 辅助用工。辅助用工是指劳动定额中基本用工以外的材料加工等所需的用工。例如，机械土方工程配合用工、材料加工中过筛砂、冲洗石子、化淋灰膏等。计算公式如下：

$$辅助用工＝\sum（材料加工数量×相应的劳动定额） \tag{5-2}$$

② 超运距用工。超运距用工是指编制预算定额时，材料、半成品、成品等运距超过劳动定额所规定的运距，而需要增加的工日数量。其计算公式如下：

$$超运距＝预算定额取定的运距－劳动定额已包括的运距 \tag{5-3}$$
$$超运距用工消耗量＝\sum（超运距材料数量×相应的劳动定额）$$

③ 人工幅度差。人工幅度差是指劳动定额作业时间未包括而在正常施工情况下不可避免发生的各种工时损失。内容包括：

A. 各种工种的工序搭接及交叉作业互相配合发生的停歇用工；

B. 施工机械在单位工程之间转移及临时水电线路移动所造成的停工；

C. 质量检查和隐蔽工程验收工作的用工；

D. 班组操作地点转移用工；

E. 工序交接时对前一工序不可避免的修整用工；

F. 施工中不可避免的其他零星用工。

计算公式如下：

$$人工幅度差＝（基本用工＋辅助用工＋超运距用工）×人工幅度差系数 \tag{5-4}$$

人工幅度差是预算定额与施工定额最明显的差额，人工幅度差一般为10%～15%。

综上所述：

人工消耗量指标＝基本用工＋其他用工

＝基本用工＋辅助用工＋超运距用工＋人工幅度差

$$＝（基本用工＋辅助用工＋超运距用工）×（1＋人工幅度差系数） \tag{5-5}$$

（2）以现场测定资料为基础计算人工消耗量的确定

这种方法是采用前一章节讲述的计时观察法中的测时法、写实记录法、工作日写实法等测时方法测定工时消耗数值，再加一定人工幅度差来计算预算定额的人工消耗量。它仅适用于劳动定额缺项的预算定额项目编制。

例 5-1 某省预算定额人工挖地槽深 1.5m，三类土编制，已知现行劳动定额，挖地槽深 1.5m 以内，底宽为 0.8m、1.5m、3m 以内三档，其时间定额分别为 0.492 工日/m³、0.421 工日/m³、0.399 工日/m³，并规定底宽超过 1.5m，如为一面抛土者，时间定额系数为 1.15。

解 该省预算定额综合考虑以下因素：

（1）底宽 0.8m 以内占 50%，1.5m 以内占 40%，3m 以内占 10%。

（2）底宽 3m 以内单面抛土按 50%。

（3）人工幅度差按 10% 计。

则每 1m³ 挖土人工定额为：

基本用工＝0.492×50%＋0.421×40%＋0.399×10%×1.075

（单面抛土占 50% 的系数）＝0.46 工日

预算定额工日消耗量＝0.46×（1＋10%）＝0.51 工日/m³

2. 材料消耗量指标的确定

材料消耗量指标是指完成一定计量单位的分项工程或结构构件所必须消耗的原材料、半成品或成品的数量。按用途划分为以下四种：

（1）主要材料

主要材料是指直接构成工程实体的材料，其中也包括半成品、成品等。

（2）辅助材料

辅助材料是指构成工程实体中除主要材料外的其他材料，如钢钉、钢丝等。

（3）周转材料

周转材料是指多次使用但不构成工程实体的摊销材料，如脚手架、模板等。

（4）其他材料

其他材料是指用量较少、难以计量的零星材料，如棉纱等。

材料消耗量指标划分，如图 5-3 所示。

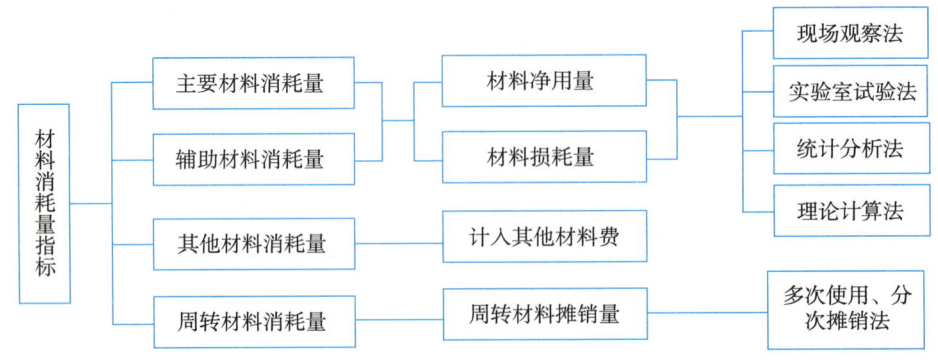

图 5-3　材料消耗量指标示意图

预算定额的材料消耗指标一般由材料净用量和材料损耗量构成，其计算公式如下：

$$材料消耗量＝材料净用量＋材料损耗量$$

或
$$材料消耗量＝材料净用量×(1＋损耗率) \tag{5-6}$$

式中
$$损耗率＝\frac{损耗量}{净用量}×100\%$$

材料净用量、损耗量以及周转材料的摊销量具体确定方法已在第 2 章中详细介绍,在此不再重述。在这里需指出的是在计算钢筋混凝土现捣构件木模板摊销量时,应考虑模板回收折价率。即摊销量计算公式如下:

$$
\begin{aligned}
木模板摊销量 &＝周转使用量－周转回收量×回收折价率\\
&＝一次使用量×\left[\frac{1＋(周转次数－1)×补损率}{周转次数}\right]\\
&\quad\frac{一次使用量×(1－补损率)×回收折旧率}{周转次数}
\end{aligned}\tag{5-7}
$$

例 5-2 经测定计算,每 $10m^3$ 一砖标准砖墙,墙体中梁头、板头体积占 2.8%,$0.3m^2$ 以内孔洞体积占 1%,突出部分墙面砌体占 0.54%。试计算标准砖和砂浆定额用量。

解 (1) 每 $10m^3$ 标准砖理论净用量

$$
\begin{aligned}
砖数 &＝\frac{1}{(砖宽＋灰缝)×(砖厚＋灰缝)}×\frac{1}{砖长}×10\\
&＝\frac{1}{(0.115＋0.01)×(0.053＋0.01)}×\frac{1}{0.24}×10\\
&＝5291\ 块/(10m^3)
\end{aligned}
$$

(2) 按砖墙工程量计算规则规定不扣除梁头、板垫及每个孔洞在 $0.3m^2$ 以下的孔洞等的体积;不增加突出墙面的窗台虎头砖、门窗套及三皮砖以内的腰线等的体积。这种为简化工程量而作出的规定对定额消耗量的影响在制定定额时给予消除。

即
$$
\begin{aligned}
定额净用量 &＝理论净用量×(1＋不增加部分比例－不扣除部分比例)\\
&＝5291×[1＋0.54\%－(2.8\%＋1\%)]\\
&＝5291×0.9674\\
&＝5119\ 块/(10m^3)
\end{aligned}
$$

(3) 砌筑砂浆净用量

$$
\begin{aligned}
砂浆净用量 &＝(1－529.1×0.24×0.115×0.053)×10×0.9674\\
&＝2.26×0.9674\\
&＝2.186m^3/(10m^3)
\end{aligned}
$$

(4) 标准砖和砂浆定额消耗量

砖墙中标准砖及砂浆的损耗率均为 1%,则:

$$标准砖定额消耗量＝5119×(1＋1\%)＝5170\ 块/(10m^3)$$
$$砂浆定额用量＝2.186×(1＋1\%)＝2.208m^3/(10m^3)$$

3. 机械台班消耗量指标的确定

机械台班消耗量指标的确定是指完成一定计量单位的分项工程或结构构件所必需的各种机械台班的消耗数量。机械台班消耗量的确定一般有两种基本方法:一种是以施工定额的机械台班消耗定额为基础来确定;另一种是以现场实测数据为依据来确定。

（1）以施工定额为基础的机械台班消耗量的确定

这种方法以施工定额中的机械台班消耗用量加机械幅度差来计算预算定额的机械台班消耗量。其计算式如下：

预算定额机械台班消耗量＝施工定额中机械台班用量＋机械幅度差

＝施工定额中机械台班用量×（1＋机械幅度差系数）　（5-8）

机械幅度差是指施工定额中没有包括，但实际施工中又必须发生的机械台班用量。主要考虑以下内容：

1）施工中机械转移工作面及配套机械相互影响损失的时间；

2）在正常施工条件下机械施工中不可避免的工作间歇时间；

3）检查工程质量影响机械操作的时间；

4）临时水电线路在施工过程中移动所发生的不可避免的机械操作间歇时间；

5）冬期施工发动机械的时间；

6）不同厂牌机械的工效差别，临时维修、小修、停水、停电等引起的机械停歇时间；

7）工程收尾和工作量不饱满所损失的时间。

机械的幅度差系数规定详见表5-3。

机械幅度差系数表　　　　　表5-3

序号	机械名称	系数	序号	机械名称	系数
1	土石方机械	25%	4	钢筋加工机械	10%
2	吊装机械	30%	5	木作、水磨石、打夯机械	10%
3	打桩机械	33%			

（2）以现场实测数据为基础的机械台班消耗量的确定

如遇施工定额缺项的项目，在编制预算定额的机械台班消耗量时，则须通过对机械现场实地观测得到机械台班数量，在此基础上加上适当的机械幅度差，来确定机械台班消耗量。

5.3　预算定额的组成及应用

5.3.1　预算定额的组成

建筑安装工程预算定额的内容，一般由总说明、建筑面积计算规则、分部工程定额和有关的附录（附表）组成。

1. 总说明

总说明是对定额的使用方法及全册共同性问题所作的综合说明和统一规定。要正确地使用预算定额，就必须首先熟悉和掌握总说明内容，以便对整个定额册有全面了解。

总说明内容一般如下：

（1）定额的性质和作用；

（2）定额的适用范围、编制依据和指导思想；

（3）人工、材料、机械台班定额有关共同性问题的说明和规定；

（4）定额基价编制依据的说明等；

（5）其他有关使用方法的统一规定等。

2. 建筑面积计算规则

建筑面积是以 m² 为计量单位，反映房屋建设规模的实物量指标。建筑面积计算规则是按国家统一规定编制的，是计算工业与民用建筑建筑面积的依据。

3. 分部工程定额

分部工程定额是预算定额的主体部分。2015 年《房屋建筑与装饰工程消耗量定额》按工程结构类型，结合形象部位将全册划分为 17 个分部工程。排列顺序如下：

(1) 土石方工程　　　　　　　　(2) 地基处理与基坑支护工程

(3) 桩基础工程　　　　　　　　(4) 砌筑工程

(5) 混凝土及钢筋混凝土工程　　(6) 金属结构工程

(7) 木结构工程　　　　　　　　(8) 门窗工程

(9) 屋面及防水工程　　　　　　(10) 防腐、保温、隔热工程

(11) 楼地面装饰工程　　　　　　(12) 墙、柱面装饰与隔断、幕墙工程

(13) 天棚工程　　　　　　　　　(14) 油漆、涂料、裱糊工程

(15) 其他装饰工程　　　　　　　(16) 拆除工程

(17) 措施项目

4. 定额附录

定额附录是预算定额的有机组成部分，各省、自治区、直辖市编入内容不尽相同，定额附录内容可作为定额换算与调整和制定补充定额的参考依据。例如，2015 年《房屋建筑与装饰工程消耗量定额》的附录为"模板一次使用量表"，可以作为模板消耗量调整的参考依据。

以下是住房和城乡建设部 2015 年颁布的《房屋建筑与装饰工程消耗量定额》及钢筋混凝土柱项目定额表式（表 5-4～表 5-7）。

混凝土与钢筋混凝土工程分部说明

一、本章定额包括混凝土、钢筋、模板、混凝土构件运输与安装四节。

二、混凝土。

1. 混凝土按预拌混凝土编制，采用现场搅拌时，执行相应的预拌混凝土项目，再执行现场搅拌混凝土调整费项目。现场搅拌混凝土调整费项目中，仅包含了冲洗搅拌机用水量，如需冲洗石子，用水量另行处理。

2. 预拌混凝土是指在混凝土厂集中搅拌、用混凝土罐车运输到施工现场并入模的混凝土（圈过梁及构造柱项目中已综合考虑了因施工条件限制不能直接入模的因素）。

固定泵、泵车项目适用于混凝土送到施工现场未入模的情况，泵车项目仅适用于高度在 15m 以内，固定泵项目适用所有高度。

3. 混凝土按常用强度等级考虑，设计强度等级不同时可以换算；混凝土各种外加剂统一在配合比中考虑；图纸设计要求增加的外加剂另行计算。

4. 毛石混凝土，按毛石占混凝土体积的 20％计算，如设计要求不同时，可以换算。

5. 混凝土结构物实体积最小几何尺寸大于 1m，且按规定需进行温度控制的大体积混凝土，温度控制费用按照经批准的专项施工方案另行计算。

6. 独立桩承台执行独立基础项目，带形桩承台执行带形基础项目，与满堂基础相连

的桩承台执行满堂基础项目。

7. 二次灌浆,如灌注材料与设计不同时,可以换算;空心砖内灌注混凝土,执行小型构件项目。

8. 现浇钢筋混凝土柱、墙项目,均综合了每层底部灌注水泥砂浆的消耗量。地下室外墙执行直形墙项目。

9. ……

三、钢筋

1. 钢筋工程按钢筋的不同品种和规格以现浇构件、预制构件、预应力构件以及箍筋分别列项,钢筋的品种、规格比例按常规工程设计综合考虑。

2. 除定额规定单独列项计算以外,各类钢筋、铁件的制作成型、绑扎、安装、接头、固定所用人工、材料、机械消耗均已综合在相应项目内;设计另有规定者,按设计要求计算。直径25mm以上的钢筋连接按机械连接考虑。

3. 钢筋工程中措施钢筋,按设计图纸规定及施工验收规范要求计算,按品种、规格执行相应项目。如采用其他材料时,另行计算。

4. 现浇构件冷拔钢丝按 $\phi 10$ 以内钢筋制安项目执行。

5. 型钢组合混凝土构件中,型钢骨架执行本定额"第六章 金属结构工程"相应项目;钢筋执行现浇构件钢筋相应项目,人工乘以系数1.50、机械乘以系数1.15。

6. 弧形构件钢筋执行钢筋相应项目,人工乘以系数1.05。

7. 混凝土空心楼板(ADS空心板)中钢筋网片,执行现浇构件钢筋相应项目,人工乘以系数1.30、机械乘以系数1.15。

8. 预应力混凝土构件中的非预应力钢筋按钢筋相应项目执行。

9. ……

四、模板。

1. 模板分组合钢模板、大钢模板、复合模板、木模板,定额未注明模板类型的,均按木模板考虑。

2. 模板按企业自有编制。组合钢模板包括装箱,且已包括回库维修耗量。

3. 复合模板适用于竹胶、木胶等品种的复合板。

4. 圆弧形带形基础模板执行带形基础相应项目,人工、材料、机械乘以系数1.15。

5. 地下室底板模板执行满堂基础,满堂基础模板已包括集水井模板杯壳。

6. 满堂基础下翻构件的砖胎膜,砖胎膜中砌体执行本定额"第四章 砌筑工程"砖基础相应项目;抹灰执行本定额"第十一章 楼地面装饰工程""第十二章 墙、柱面装饰与隔断、幕墙工程"抹灰的相应项目。

7. 现浇混凝土柱(不含构造柱)、墙、梁(不含圈、过梁)、板是按高度(板面或地面、垫层面至上层板面的高度)3.6m综合考虑的。如遇斜板面结构时,柱分别按各柱的中心高度为准;墙按分段墙的平均高度为准;框架梁按每跨两端的支座平均高度为准;板(含梁板合计的梁)按高点与低点的平均高度为准。

异形柱、梁,是指柱、梁的断面形状为L形、十字形、T形、Z形的柱、梁。

8. 柱模板如遇弧形和异形组合时,执行圆柱项目。

……

钢筋混凝土现浇柱模板定额表　　　　　　　　　表 5-4

工作内容：（1）木模板制作；

（2）模板安装、拆除、整理堆放及场内外运输；

（3）清理模板粘结物及模内杂物、刷隔离剂等。　　　　　计量单位：100m²

定额编号			5-58	5-59	5-60	5-61	5-62	5-63	5-64	5-65
项目		单位	矩形柱				异形柱			
			组合钢模板		复合木模板		组合钢模板		复合木模板	
			钢支撑	木支撑	钢支撑	木支撑	钢支撑	木支撑	钢支撑	木支撑
人工	综合工日	工日	41.00	41.00	34.80	34.80	62.12	62.24	51.64	51.75
材料	组合钢模板	kg	78.09	78.09	10.34	10.34	77.14	77.14	3.04	3.04
	复合木模板	m²	—	—	1.84	1.84	—	—	2.09	2.09
	模板板方材	m³	0.064	0.064	0.064	0.064	0.083	0.083	0.083	0.083
	支撑钢管及扣件	kg	45.94	—	45.94	—	59.53	—	59.53	—
	支撑方木	m³	0.182	0.519	0.182	0.519	—	0.580	—	0.580
	零星卡具	kg	66.74	60.50	66.74	60.50	27.94	27.94	27.94	27.94
	钢钉	kg	1.80	4.02	1.80	4.02	13.86	18.72	13.86	18.72
	钢件	kg	—	11.42	—	11.42	—	46.74	—	46.74
	草板纸 80 号	张	30.00	30.00	30.00	30.00	30.00	30.00	30.00	30.00
	隔离剂	kg	10.00	10.00	10.00	10.00	10.00	10.00	10.00	10.00
机械	载重汽车 6t	台班	0.28	0.28	0.28	0.28	0.28	0.30	0.28	0.30
	汽车式起重机 5t 以内	台班	0.18	0.11	0.18	0.11	0.18	0.09	0.18	0.09
	木工圆锯机 500mm 以内	台班	0.06	0.06	0.06	0.06	0.06	0.06	0.06	0.06

现浇构件柱混凝土浇捣定额　　　　　　　　　表 5-5

工作内容：浇筑、振捣、养护等。　　　　　　　　　计量单位：10m³

定额编号			5-11	5-12	5-13	5-14
项目			矩形柱	构造柱	异形柱	圆形柱
名称		单位	消耗量			
人工	合计工日	工日	7.211	12.072	7.734	7.744
	其中	普工	工日	2.164	3.622	2.321	2.323
		一般技工	工日	4.326	7.243	4.640	4.647
		高级技工	工日	0.721	1.207	0.773	0.774
材料	预拌混凝土 C20	m³	9.797	9.797	9.797	9.797
	土工布	m²	0.912	0.885	0.912	0.885
	水	m³	0.911	2.105	2.105	1.950
	预拌水泥砂浆	m³	0.303	0.303	0.303	0.303
	电	kW·h	3.750	3.720	3.720	3.750

钢筋混凝土现浇柱模板定额表

表 5-6

工作内容：模板及支撑制作、安装、拆除、堆放、运输及清理模内杂物、隔离剂等。　　　计量单位：100m²

定额编号			5-219	5-220	5-221	5-222
项目			矩形柱		构造柱	
			组合钢模板	复合模板	组合钢模板	复合模板
			钢支撑			
名称		单位	消耗量			
人工	合计工日	工日	22.780	21.436	16.753	15.436
	其中 普工	工日	6.834	6.430	5.026	4.630
	一般技工	工日	13.668	12.862	10.052	9.262
	高级技工	工日	2.278	2.144	1.675	1.544
材料	组合钢模板	kg	78.090	—	78.090	—
	复合模板	m²	—	24.675	—	24.675
	板枋材	m³	0.066	0.372	0.066	0.386
	钢支撑及配件	kg	45.485	45.484	45.484	45.485
	木支撑	m³	0.182	0.182	0.182	0.182
	零星卡具	kg	66.740	—	66.740	—
	圆钉	kg	1.800	0.982	1.800	0.983
	隔离剂	kg	10.000	10.000	10.000	10.000
	硬塑料管 $\phi 20$	m	—	117.766	—	—
	塑料粘胶带 20mm×50m	卷	—	2.500	—	2.500
	对拉螺栓	kg	—	19.013	—	—
机械	木工圆锯机 500mm	台班	0.055	0.055	0.055	0.055

现浇构件柱捣混凝土定额表

表 5-7

工作内容：(1) 混凝土水平运输；

　　　　　(2) 混凝土搅拌、捣固、养护。　　　　　　　　　　　　　　　计量单位：10m³

定额编号		5-401	5-402	5-403	5-404
项目	单位	柱			升板柱帽
		矩形	圆形 多边形	构造柱	
人工	综合工日	工日	21.61	22.43	25.62	30.90
材料	现浇混凝土 C25	m³	9.86	9.86	9.86	9.86
	草袋子	m²	1.00	0.86	0.84	—
	水	m³	9.09	8.91	8.99	8.52
	水泥砂浆 1:2	m³	0.31	0.31	0.31	0.31
机械	混凝土搅拌机 400L	台班	0.62	0.62	0.62	0.62
	混凝土振捣器（插入式）	台班	1.24	1.24	1.24	1.24
	灰浆搅拌机 200L	台班	0.04	0.04	0.04	0.04

例5-3 某住宅工程现浇钢筋混凝土矩形柱，已计算得其模板与混凝土接触面积为365m²，施工支模采用组合钢模板、钢支撑。试计算完成矩形柱支模的工料数量。

解 查钢筋混凝土现浇柱模板定额表（表5-6）可知，该分项工程定额编号为5-219，完成该柱支模工料数量：

（1）人工　　　　　　3.65(100m²)×22.78(工日/100m²)=83.147 工日

（2）材料

1）组合钢模板　　　　3.65(100m²)×78.09(kg/100m²)=285.03kg

2）模板板方材　　　　3.65(100m²)×0.066(m³/100m²)=0.241m³

3）钢支撑及配件　　　3.65(100m²)×45.485(kg/100m²)=166.020kg

4）木支撑　　　　　　3.65(100m²)×0.182(m³/100m²)=0.664m³

5）零星卡具　　　　　3.65(100m²)×66.74(kg/100m²)=243.60kg

6）圆钉　　　　　　　3.65(100m²)×1.80(kg/100m²)=6.57kg

7）隔离剂　　　　　　3.65(100m²)×10(kg/100m²)=36.5kg

（3）机械

木工圆锯机　　　　　3.65(100m²)×0.055(台班/100m²)=0.201 台班

例5-4 如例5-3中混凝土工程量为45m³。试计算完成矩形柱浇捣的工料数量。

解 查现浇构件柱捣混凝土定额表（表5-6）可知，该分项工程定额编号为5-11，完成该柱浇捣工料数量：

（1）人工　　　　　　　　　　4.5(10m³)×7.211(工日/10m³)=32.450 工日

（2）材料

1）预拌混凝土 C20　4.5(10m³)×9.797(m³/10m³)=44.087m³

2）土工布　　　　　　4.5(10m³)×0.912(m²/10m³)=4.104m³

3）水　　　　　　　　4.5(10m³)×0.911(m³/10m³)=4.100m³

4）预拌水泥砂浆　　　4.5(10m³)×0.303(m³/10m³)=1.364m³

5）电　　　　　　　　4.5(10m³)×3.750(kW·h/10m³)=16.875kW·h

5.3.2 预算定额的应用

1. 定额编号

在编制预算时，对分项工程或结构构件均须填写（或输入）定额编号，其目的是一方面起到快速查阅定额的作用；另一方面也便于预算审核人检查定额项目套用是否正确合理，以起到减少差错、提高管理水平的作用。

为了查阅方便，全国统一建筑工程基础定额手册目录的项目编排顺序为：

分部工程号，用阿拉伯数字1、2、3、4……

每一分部中分项工程或结构构件顺序号从小到大按序编制，用阿拉伯数字1、2、3、4、5、6……

定额编号通常用"二代号"编号法来表示。所谓"二代号"法即用预算定额中的分部工程序号——子项目序号两个号码，进行项目定额编号。其表达式如下：

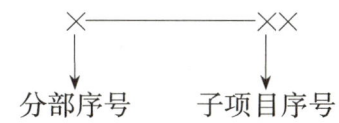

例如：加气混凝土砌块墙　　　　　　4-35

　　　　混凝土带形基础　　　　　　　5-394

　　　　水磨石楼地面（带嵌条）　　　8-29

　　　　20mm厚水泥砂浆砖墙抹墙裙　　11-25

2. 预算定额的应用

预算定额是计算工程造价和主要人工、材料、机械台班消耗数量的经济依据，定额应用正确与否，直接影响工程造价和实物量消耗的准确性。在应用预算定额时，要认真地阅读掌握定额的总说明、各册说明、分部工程说明、附注说明以及定额的适用范围。在实际工程预算定额应用时，通常会遇到以下三种情况：预算定额的直接套用、预算定额的调整与换算、补充定额。

（1）预算定额的直接套用

当分项工程的设计要求、项目内容与预算定额项目内容完全相符时，可以直接套用定额。直接套用定额时可按分部工程—定额节—定额表—项目的顺序找出所需项目。此类情况在编制施工图预算中属于大多数情况。

直接套用定额的主要内容，包括定额编号、项目名称、计量单位、工料机消耗量、基价等。套用时应注意以下几点：

1）根据施工图纸、设计说明、做法说明、分项工程施工过程划分来选择合适的定额项目。

2）要从工程内容、技术特征和施工方法及材料机械规格与型号上仔细核对与定额规定的一致性，才能较正确地确定相应的定额项目。

3）分项工程的名称、计量单位必须要与预算定额相一致，计量口径不一的，不能直接套用定额。

4）要注意定额表上的工作内容，工作内容中列出的内容其工、料、机消耗已包括在定额内，否则需另列项目计取。

5）查阅时应特别注意定额表下附注，附注作为定额表的一种补充与完善，套用时必须严格执行。

例5-5 某住宅建筑楼梯及平台面层铺贴600×600天然石材饰面板，铺贴工程量为109.65m^2，试计算完成该楼梯石材楼地面铺贴的工料机数量。

解 查《房屋建筑与装饰工程消耗量定额》，该项目属于第十一分部楼地面装饰工程块料面层，套用定额编号为11-17，工料机数量见表5-8。

（2）预算定额的调整与换算

当施工图纸设计要求与定额的工程内容、规格与型号、施工方法等条件不完全相符，按定额有关规定允许进行调整与换算时，则该分项项目或结构构件能套用相应定额项目，但须按规定进行调整与换算。

定额调整与换算的实质就是按定额规定的换算范围、内容和方法，对某些分项工程项目或结构构件按设计要求进行调整与换算。对于调整与换算后的定额项目编号在右下角应注以"换"字，以示区别。

预算定额的调整与换算的常见类型有以下几种：

工料机数量　　　　　　　　　　　　　　　　　　　　　　表 5-8

项目		单位	每 m² 定额消耗量	工程量	数量
人工	综合人工	工日	0.2020	109.65	22.15
材料	天然石材饰面板 600×600	m²	1.0200		111.84
	干混地面砂浆 DS M20	m³	0.0204		2.24
	粘结剂 DTA 砂浆	m³	0.0010		0.11
	白水泥	kg	0.1020		11.18
	麻袋	m²	0.3003	109.65	32.93
	棉纱头	kg	0.0100		1.10
	锯木屑	m³	0.0060		0.66
	石料切割锯片	片	0.0062		0.68
	水	m³	0.0230		2.52
	电	kW·h	0.1107		12.14
机械	灰浆搅拌机 200L	台班	0.0046	109.65	0.50

1）系数增减换算

当设计的工程项目内容与定额规定的相应内容不完全相符时，按定额规定对定额中的人工、材料、机械台班消耗量乘以大于（或小于）1 的系数进行换算。其换算公式如下：

调整后的相应消耗量＝定额人工消耗量(或材料、机械台班)×相应调整系数　　（5-9）

例 5-6　某工程采用履带式柴油打桩机打预制钢筋混凝土方桩，桩长 16m，已计算出工程量为 148m³。试计算完成打方桩所需人工、预制方桩、机械用量。

解　查《房屋建筑与装饰工程消耗量定额》，定额编号为 3-2。每打 10m³ 预制方桩定额消耗量为：

人工：3.936 工日；

预制方桩：10.100m³；

5t 履带式柴油打桩机：0.630 台班；

15t 履带式起重机：0.380 台班。

根据定额说明规定：

单位工程桩基工程量小于 200m³，其人工、机械消耗量按相应定额项目乘以系数 1.25 计算。

由此可得：

人工需用量＝3.936÷10×1.25×148＝72.816 工日

管桩需用量＝10.10÷10×148＝149.48m³

5t 履带式柴油打桩机＝0.630÷10×1.25×148＝11.655 台班

15t 履带式起重机需用量＝0.380÷10×1.25×148＝7.03 台班

2）材料用量的调整与换算

当设计图纸的分项项目或结构构件的主材由于施工方法、材料断面、规格等与定额规定不同而引起的用量调整，同时数量不同引起相应基价的换算。其调整与换算公式如下：

调整后主材用量＝原定额消耗量±定额规定调整用量　　（5-10）

例5-7 某工程屋面板上铺设普通黏土瓦，设计要求穿铁丝钉圆钉，现计算的瓦屋面工程量为150m²。试计算完成瓦屋面铺设，所需人工、材料用量。

解 查《房屋建筑与装饰工程消耗量定额》，定额编号为9-1。每铺设100m²普通黏土瓦屋面所需人工、材料用量：

人工：6.210工日；

预拌地面砂浆DS M15：0.115m³；

黏土平瓦387×218：1.805千块；

黏土脊瓦455×195：28.188块。

根据定额说明规定：

黏土瓦若穿铁丝钉圆钉，每100m²增加11工日，增加镀锌低碳钢丝（22#）3.5kg，圆钉2.5kg。

由此可得：

$$人工需用量＝(6.21＋11)÷100×150＝25.815\ 工日$$
$$预拌地面砂浆用量＝0.115÷100×150＝0.173m³$$
$$黏土平瓦用量＝1.805÷100×150＝2.708\ 千块$$
$$黏土脊瓦用量＝8.188÷100×150＝12.282\ 块$$

增加：

$$镀锌低碳钢丝用量＝3.5÷100×150＝5.25kg$$
$$圆钉用量＝2.5÷100×150＝3.75kg$$

（3）补充定额

当分项工程项目或结构构件的设计要求与定额适用范围和规定内容完全不符合或者由于设计采用新结构、新材料、新工艺、新方法，在预算定额中没有这类项目，属于定额缺项时，应另行补充预算定额。

补充定额编制有两类情况。一类是地区性补充定额，这类定额项目全国或省（市）统一预算定额中没有包括，但此类项目本地区经常遇到，可由当地（市）造价管理机构按预算定额编制原则、方法和统一口径与水平编制地区性补充定额，报上级造价管理机构批准颁布；另一类是一次性使用的临时定额，此类定额项目可由预（结）算编制单位根据设计要求，按照预算定额编制原则并结合工程实际情况，编制一次性补充定额，在预（结）算审核中审定。

5.4 单位估价表

5.4.1 单位估价表的概念

单位估价表亦称地区单位估价表，是指以全国统一建筑工程基础定额或各省、自治区、直辖市建筑工程预算定额规定的人工、材料、机械台班数量，按一个地区的工人工资单价标准、材料预算价格、机械台班预算价格，计算出的以货币形式表现的建筑工程各分项工程或结构构件的定额单位预算价值表。

单位估价表与预算定额两者的不同之处在于：预算定额只规定完成单位分项工程或结构构件的人工、材料、机械台班消耗的数量标准，理论上来讲不以货币形式来表现；而地区单位估价表是将预算定额中的消耗量在本地区用货币形式来表示，一般不列工料机消耗数量。为了方便预算编制，部分地区将预算定额和地区单位估价表合并，不仅列出工料机消耗数量，同时也列出工、料、机预算价格及工程预算单价汇总值，即定额基价。

5.4.2　单位估价表的作用

（1）单位估价表是确定建筑安装工程造价的主要依据。

在以传统的单价法编制预算时，把单位估价表的基价，分别乘以相应项目的工程量，就可得到每个分部分项工程的直接工程费，把每个项目直接工程费汇总加上措施费，即为单位工程直接费。在此基础上，再计算间接费、利润、税金，最后汇总出工程造价。

（2）单位估价表是甲、乙双方进行工程价款结算的主要依据。

（3）单位估价表是编制工程招标标底和施工企业投标报价的依据。

（4）单位估价表是建筑施工企业进行工程成本分析和经济核算的依据。

（5）单位估价表是设计部门进行设计方案经济比较、选择最佳设计方案的依据。

5.4.3　单位估价表编制依据

（1）全国性或各省、自治区、直辖市建筑工程预算定额；

（2）地区现行的工资标准；

（3）地区现行的材料价格；

（4）地区现行的机械台班价格；

（5）国家和地区有关规定。

5.4.4　单位估价表的编制方法

编制单位估价表就是把三种量（工、料、机消耗量）与三种价（工、料、机单价）分别结合起来，得出分项工程人工费、材料费和施工机械台班使用费，三者汇总起来就是工程预算单价。计算公式如下：

分项工程直接费单价（基价）＝单位人工费＋材料费＋机械台班使用费＋其他机械费

$$式中　单位人工费＝\sum（人工工日用量×人工日工资单价）\quad(5-11)$$

$$材料费＝\sum（各种材料消耗用量×相应材料价格）＋其他材料费$$

$$机械台班使用费＝\sum（机械台班耗用量×相应机械台班价格）$$

表 5-9 是某省单位估价表表式。

沉管灌注混凝土桩成孔定额表　　　　　　　　　　　　　　表 5-9

工作内容：准备打桩机具、移动压桩机、桩位校测、桩尖埋设、安卸桩垫、沉管、拔管。

计量单位：10m³

定额编号		3-87	3-88	3-89	3-90	3-91
项目		沉管桩机成孔				
		振动式（桩长：m）			捶击式	夯扩桩
		12 以内	25 以内	25 以上		
基价（元）		1519.86	1202.44	1095.84	1496.02	2666.25
其中	人工费（元）	742.50	577.53	517.46	682.56	1259.96
	材料费（元）	105.91	107.49	109.47	109.47	109.47
	机械费（元）	671.45	517.42	468.91	703.99	1296.82

续表

定额编号		3-87	3-88	3-89	3-90	3-91
项目		沉管桩机成孔				
		振动式(桩长：m)			捶击式	夯扩桩
		12以内	25以内	25以上		
名称	单位	单价(元)	消耗量			
人工 二类人工	工日	135.00	5.500	4.278	3.833	5.056	9.333
材料 金属周转材料	kg	3.95	6.600	7.000	7.500	7.500	7.500
垫木	m^3	2328.00	0.030	0.030	0.030	0.030	0.030
其他材料费	元	1.00	10.000	10.000	10.000	10.000	10.000
机械 振动沉拔桩机 400kN	台班	851.02	0.789	0.608	0.551	—	—
步履式柴油打桩机 2.5t	台班	975.05	—	—	—	0.722	1.330

注：振动式沉管灌注混凝土桩，安放钢筋笼者，人工和机械乘以系数1.15。钢筋笼制作、安放另列项目计算。

从表5-9中可知每$10m^3$振动式沉管灌注混凝土桩成孔（桩长25m）项目，定额编号为3-88，表中：

$$人工费＝4.278×135.00＝577.53 元$$
$$材料费＝7.000×3.95＋0.030×2328.00＋10.000×1.00$$
$$＝107.49 元$$
$$机械费＝0.608×851.02＝517.42 元$$
$$基价＝577.53＋107.49＋517.42＝1202.44 元$$

例5-8 某工程现捣混凝土构造柱，已计算得工程量为$155m^3$，假设当地人工单价135元/工日，预拌混凝土C20单价421.00元/m^3，土工布单价0.96元/m^2，水单价4.27元/m^3，预拌水泥砂浆单价425.50元/m^3，电单价0.78元/(kW·h)（套用《房屋建筑与装饰工程消耗量定额》）。试计算：（1）该构造柱现捣混凝土基价；（2）完成该工程构造柱浇捣所需工料机工程费。

解 （1）求该项目基价

查阅《房屋建筑与装饰工程消耗量定额》可知，该项目定额编号为5-12，定额表见表5-5。

$$人工费＝人工定额消耗量×人工单价＝12.072÷10×135＝162.97 元/m^3$$
$$材料费＝\sum(定额材料消耗量×相应材料单价)$$
$$＝9.797÷10×421.00＋0.885÷10×0.96＋2.105÷10×4.27＋$$
$$0.303÷10×425.50＋3.72÷10×0.78＝426.62 元/m^3$$
$$构造柱浇捣混凝土基价＝人工费＋材料费＋机械费＝162.97＋426.62＋0$$
$$＝589.59 元/m^3$$

（2）求工料机费用

构造柱浇捣混凝土分项工料机费用＝工程量×基价＝155×589.59＝91386.45 元

例5-9 某工程需砌筑一段毛石护坡，拟采用M5水泥砂浆砌筑，根据甲乙双方商定，工程单价的确定方法是：首先现场测定每$10m^2$砌体人工工日、材料、机械台班消耗指标，并将其乘以相应的当地价格确定。各项测定参数如下：

（1）砌筑 $1m^3$ 毛石砌体需工时参数为：基本工作时间为 10.6h；不可避免的中断时间为工作延续时间的 3%；准备与结束时间为工作延续时间的 2%；不可避免的中断时间为工作延续时间的 2%；休息时间为工作延续时间的 20%；人工幅度差系数为 10%。

（2）砌筑 $10m^3$ 毛石砌需各种材料净用量为：毛石 $7.50m^3$；M5 水泥砂浆 $3.10m^3$；水 $7.50m^3$。毛石和砂浆的损耗率分别为：2%、1%。

（3）砌筑 $10m^3$ 毛石砌体需 200L 砂浆搅拌机 5.5 台班，机械幅度差为 15%。

试计算：

（1）砌筑每 $1m^3$ 毛石护坡工程的人工时间定额和产量定额。

（2）假设当人工日工资标准为 135 元/工日，毛石单价为 88 元/m^3；M5 水泥砂浆单价为 221.76 元/m^3；水单价为 4.30 元/m^3；其他材料费为毛石、水泥砂浆和水费用的 2%。200L 砂浆搅拌机台班费为 154.97 元/台班。试确定每 $10m^3$ 砌体的单价。

解 （1）确定每 $1m^3$ 毛石护坡工程的人工时间定额和产量定额。

$$人工工作延续时间 = \frac{10.6}{1-(3\%+2\%+2\%+20\%)} = 14.52h$$

$$人工时间定额 = \frac{14.52}{8} = 1.82 \text{ 工日}/m^3$$

$$人工产量定额 = \frac{1}{时间定额} = \frac{1}{1.82} = 0.55m^3/\text{工日}$$

（2）确定 $10m^3$ 毛石护坡工程的单价。

1）每 $10m^3$ 砌体人工费 $= 1.82 \times (1+10\%) \times 135 \times 10 = 2702.7$ 元$/(10m^3)$

2）每 $10m^3$ 砌体材料费 $= [7.50 \times (1+2\%) \times 88 + 3.10 \times (1+1\%) \times 221.76 + 7.50 \times 4.30] \times (1+2\%)$

$\qquad\qquad = 1427.78$ 元$/(10m^3)$

3）每 $10m^3$ 砌体机械费 $= 5.5 \times (1+15\%) \times 154.97 = 980.19$ 元$/(10m^3)$

4）每 $10m^3$ 砌体的单价 $= 2702.7 + 1427.78 + 980.19 = 5110.67$ 元$/(10m^3)$

例 5-10 某工程地下室土方，基坑度面尺寸 $30m \times 50m$，放坡系数 $K = 0.5$（三类土），挖出土方量在现场附近堆放。挖土采用履带式液压单斗挖掘机（斗容量 $1m^3$），90kW 履带式推土机推土。为防止超挖和扰动地基土，按开挖总土方量的 20% 作为人工清底、修边坡土方量，该工程自然地坪标高 $-0.45m$，基坑底标高 $-3.50m$，无地下水。

各项技术参数测定如下：

（1）反铲挖土机纯工作 1h 的生产率为 $75m^3$，机械时间利用系数为 0.85，机械幅度差系数为 20%；

（2）推土机纯工作 1h 的生产率为 $98m^3$，机械时间利用系数为 0.80，机械幅度差系数为 15%；

（3）人工挖 $1m^3$ 土方需基本工作时间为 100min，辅助工作时间占工作延续时间的 5%，准备与结束时间占 3%，不可避免的中断时间占 2%，休息时间占 18%，人工幅度差系数为 12%；

（4）挖土机、推土机作业时，需人工配合工日按平均每台班 1.5 个工日计。

试计算：

(1) 该工程土方开挖工程量。

(2) 每1000m³土方挖土机、推土机和人工预算消耗量指标。

(3) 设当地人工单价为125元/工日，反铲挖掘机单价为914.79元/台班，推土机单价为717.68元/台班，则每1000m³土方预算单价是多少？

(4) 该基坑土方开挖分项工程费是多少？

解 (1) 土方工程量

$$V=(B+KH)\cdot(L+KH)\cdot H+\frac{1}{3}K^2H^3$$

$$H=3.5-0.45=3.05\text{m}$$

$$V=(30+0.5\times3.05)\times(50+0.5\times3.05)\times3.05+\frac{1}{3}\times0.5^2\times3.05^3$$

$$=4954.193+2.364$$

$$=4956.56\text{m}^3$$

(2) 每1000m³消耗量指标

1) 反铲挖掘机

$$\frac{1}{75\times8\times0.85}\times(1+20\%)\times1000\times80\%=1.88\text{ 台班}$$

2) 推土机

$$\frac{1}{98\times8\times0.80}\times(1+15\%)\times1000=1.83\text{ 台班}$$

3) 人工

$$\frac{100}{1-(5\%+3\%+2\%+18\%)}=138.89\text{min}$$

$$138.89\div60\div8\times(1+12\%)\times1000\times20\%+(1.88+1.83)\times1.5=64.82+5.57$$

$$=70.39\text{ 工日}$$

(3) 每1000m³土方预算单价

$$70.39\times125+1.88\times914.79+1.83\times717.68=11831.91\text{ 元/m}^3$$

(4) 该基坑土方开挖分项直接费

$$4956.56\times11831.91\div1000=58645.57\text{ 元}$$

例5-11 某工程螺旋式钢梯，现行定额没有适用的定额子目，需根据现场实测数据，结合工程所在地的人工、材料、机械台班价格，编制钢梯工程单价。

各项测定参数如下：

(1) 完成每吨螺旋式钢梯制作、安装需要基本工作时间分别为130.52h、45.88h，辅助工作时间占基本工作时间的5%，准备与结束时间、不可避免的中断时间、休息时间分别占工作延续时间的3%、2%、15%。制作与安装人工幅度差均为15%。

(2) 每吨钢梯消耗的型钢0.57t，其单价为3800元/t，钢板0.52t，其单价为3850元/t，消耗其他材料费550元，消耗各种机械台班费950元，工程所在地结合人工单价为50元/工日。

试完成以下内容：

(1) 分部分项工程单价由哪几部分组成，其计算表达式如何？

（2）计算每吨螺旋式钢梯制作与安装的人工时间定额和产量定额。

（3）计算每吨螺旋式钢梯的工程单价。

解 （1）分部分项工程单价由人工费、材料费、机械台班使用费（或机械费）三部分费用组成。其中：

分部分项工程单价人工费＝$\sum$（定额人工工日数×相应人工单价）

材料费＝$\sum$（定额材料消耗量×相应材料单价）＋其他材料费

机械台班使用费＝$\sum$（定额机械台班消耗量×相应机械台班单价）＋其他机械费

（2）计算每吨钢梯制作与安装：

$$人工时间定额＝\frac{(130.52＋45.88)×(1＋5\%)}{(1－3\%－2\%－15\%)}÷8$$

$$＝29.94\ 工日$$

$$人工产量定额＝\frac{1}{29.94}$$

$$＝0.033t/工日$$

（3）计算每吨钢梯工程单价：

$$人工消耗量＝29.94×(1＋15\%)$$

$$＝34.43\ 工日$$

$$人工费＝34.43×150$$

$$＝5164.5\ 元$$

$$材料费＝0.57×3800＋0.52×3850＋550$$

$$＝4718\ 元$$

$$机械台班使用费＝950\ 元$$

$$每吨钢梯工程单价＝5164.5＋4718＋950$$

$$＝10832.5\ 元$$

思 考 题

1. 什么是预算定额，它与施工定额之间的关系是什么？

2. 预算定额有何作用？

3. 预算定额的编制依据和原则是什么？

4. 预算定额的计量单位是如何确定的？

5. 试述预算定额的编制步骤。

6. 预算定额的人工消耗量指标包括哪些用工，它们应如何计算？

7. 预算定额中的主要材料耗用量是如何确定的，次要材料消耗量在定额中是如何表示的？

8. 预算定额的机械台班消耗量指标是如何确定的？

9. 预算定额由哪些内容组成？

10. 查阅本地区统一预算定额（或单位估价表），列出下列分项工程定额编号、预算单价（基价）、人工及主要材料消耗量。

（1）场地平整；

（2）房屋基础挖地槽（三类土、$H＝2\text{m}$）；

（3）M7.5 干混砌筑砂浆砌筑一砖厚混凝土实心砖；

（4）C30 泵送商品混凝土有梁式带形基础浇捣；

（5）C30 非泵送商品混凝土振动沉管灌注桩灌注；

（6）M7.5 干混砌筑砂浆砌筑一砖厚多孔砖墙；

（7）C25 钢筋混凝土现浇圈梁；

（8）C35 钢筋混凝土现浇楼梯；

（9）屋面 40mm 厚钢筋细石混凝土面层；

（10）屋面 SBS 防水卷材；

（11）楼梯干混砂浆铺贴石材面层；

（12）砖墙面干挂花岗石；

（13）水泥砂浆雨篷抹面；

（14）玻璃幕墙（隐框）；

（15）胶合板门制作安装（有亮子、不带纱）；

（16）普通铝合金推拉窗安装；

（17）木门奶黄色醇酸调和漆三遍；

（18）墙面胶粘剂贴面砖（灰缝 10mm 以内）。

11. 什么是单位估价表？

12. 单位估价表的编制依据是什么？

13. 预算定额与单位估价表的异同点是什么？

14. 单位估价表如何编制？

15. 定额与单价应用有几种情况，定额调整与换算有几种形式？

16. 砖筑一砖半砖墙的技术测定资料如下：

（1）完成 1m³ 的砖体需基本工作时间 15.5h，辅助工作时间占工作班延续时间的 3%，准备与结束工作时间占 3%，不可避免的中断时间占 2%，休息时间占 16%，人工幅度差系数为 10%，超距离运砖每千砖需耗时 2.5h。

（2）砖墙采用 M5 水泥砂浆，实体积与虚体积之间的折算系数为 1.07，砖和砂浆的损耗率均为 1%，完成 1m³ 砌体须耗水 0.8m³，其他材料费占上述材料费的 2%。

（3）砂浆采用 400L 搅拌机现场搅拌，运料需 200s，装料需 50s，搅拌需 80s，卸料需 30s，不可避免的中断需 10s，机械利用系数为 0.8，幅度差系数为 15%。

（4）人工工日单价为 135 元/工日，M5 水泥砂浆单价为 220 元/m³，混凝土实心砖单价为 388 元/千块，水为 4.3 元/m³，400L 砂浆搅拌机台班单价为 161.27 元/台班。

问题：

1）计算确定砌筑 1m³ 砖墙的施工定额。

2）1m³ 砖墙的预算定额和预算单价。

17. 某建设项目一期工程的土方开挖由某机械化施工公司承包，经审定的施工方案为：采用反铲挖土机挖土，液压推土机推土（平均推土距离为 50m），为防止超挖和扰动地基土，按开挖总土方总量的 20% 作为人工清底、修边坡工程量。为确定该土方开挖的预算单价，双方决定采用实测的方法对人工及机械台班的消耗量进行确定，实测的有关数据如下：

（1）反铲挖土机纯工作 1h 的生产率为 56m³，机械利用系数为 0.80，机械幅度差系数为 25%。

（2）液压推土机纯工作 1h 的生产率为 92m³，机械利用系数为 0.85，机械幅度差系数为 20%。

（3）人工连续作业挖 1m³ 土方需要基本工作时间为 90min，辅助工作时间、准备与结束工作时间、不可避免的中断时间、休息时间分别占工作延续时间的 2%、2%、1.5% 和 20.5%，人工幅度差系数为 10%。

（4）挖、推土机作业时，需要人工进行配合，其标准为每个台班配合 1 个工日。

（5）根据有关资料，当地人工综合日工资标准为 125 元，反铲挖土机台班预算单价为 815.93 元，推土机台班预算单价为 625.55 元。

问题：试确定每 1000m³ 土方开挖的预算单价。

18. 某市政工程需砌筑一段毛石护坡，拟采用 M5 水泥砂浆砌筑。根据甲、乙双方商定，工程单价的确定方法是：首先，现场测定每 10m³ 砌体人工工日、材料、机械台班消耗指标，并将其乘以相应的当地价格确定。各项测定参数如下：

(1) 砌筑 1m³ 毛石砌体需工时参数为：基本工作时间为 13.5h（折算为 1 人工作）；辅助工作时间为工作延续时间的 3%；准备与结束时间为工作延续时间的 2%；不可避免的中断时间为工作延续时间的 2%；休息时间为工作延续时间的 18%；人工幅度差系数为 10%。

(2) 砌筑 1m³ 毛石砌体需各种材料净用量为：毛石 0.72m³；M5 水泥砂浆 0.30m³；水 0.80m³。毛石和砂浆的损耗率分别为：2%、1%。

(3) 砌筑 1m³ 毛石砌体需 200L 砂浆搅拌机 0.5 台班，机械幅度差系数为 15%。

问题：

(1) 试确定该砌体工程的人工时间定额和产量定额。

(2) 假设当人工日工资标准为 125 元/工日，毛石单价为 75 元/m³；M5 水泥砂浆单价为 220 元/m³，水单价为 4.30 元/m³；其他材料费为毛石、水泥砂浆和水费用的 2%。200L 砂浆搅拌机台班费为 160 元/台班。试确定每 10m³ 砌体的单价。

自 测 题

一、单选题

1. 预算定额人工消耗量的人工幅度差是指（　　）。

A 预算定额消耗量与概算定额消耗量的差额

B 预算定额消耗量自身的误差

C 预算定额消耗量与全部工时消耗量的差额

D 预算定额人工工日消耗量与施工劳动定额消耗量的差额

2. 预算定额是按照（　　）编制的。

A 社会平均先进水平 　　　　　B 社会平均水平

C 行业平均先进水平 　　　　　D 行业平均水平

3. 预算定额的编制应遵循（　　）原则。

A 差别性和统一性相结合 　　　B 平均先进性

C 独立自主 　　　　　　　　　D 以专家为主

4. 下列计算单位属于施工定额而不属于预算定额的是（　　）。

A 公斤 　　　　　　　　　　　B 平方米

C 千块 　　　　　　　　　　　D 吨

5. 预算定额的人工工日消耗量应包括（　　）。

A 基本用工和其他用工

B 基本工和辅助工

C 基本工和人工幅度差

D 基本用工、其他用工和人工幅度差

6. 完成 10m³ 砖墙需基本用工 26 个工日，辅助用工 5 个工日，超距离运砖需 2 个工作日，人工幅度差系数为 10%，则预算定额人工工日消耗量是（　　）。

A 36.3 　　　　　　　　　　　B 35.8

C 35.6 　　　　　　　　　　　D 33.7

7. 预算定额机械耗用台班是由（　　）构成的。

A 施工定额机械耗用台班＋机械幅度差

B 概算定额耗用台班＋机械幅度差

C 施工机械台班产量定额＋机械幅度差

D 施工机械时间定额＋机械幅度差

8. 预算定额是规定消耗在单位的 (   ) 上的人工材料和机械台班的数量标准。

A 分部分项工程　　　　　　　B 分项工程和结构构件

C 单位工程　　　　　　　　　D 施工过程

9. 在预算定额编制阶段，编制内容不包括 (   )。

A 确定定额的计算单位和计算口径

B 确定定额的项目划分和工程量计算规则

C 计算、复核和测算定额人工、材料和机械台班耗用量

D 保持预算定额与施工定额计量单位一致

10. 在预算定额编制阶段，要求统一的是 (   )。

A 工程量清单　　　　　　　　B 人工消耗量

C 施工定额　　　　　　　　　D 计量单位

二、多选题

1. 工程建设定额中属于计价性定额的有 (   )。

A 概算指标　　　　　　　　　B 概算定额

C 预算定额　　　　　　　　　D 施工定额

E 投资估算指标

2. 编制预算定额的原则是 (   )。

A 平均性原则　　　　　　　　B 直接工程费

C 简明使用原则　　　　　　　D 统一性与差别性相结合

E 独立自主原则

3. 预算定额不能用于计算 (   )。

A 人工、材料、机械消耗量　　B 直接工程费

C 现场经费　　　　　　　　　D 间接费

E 建筑工程费

4. 预算定额中人工工日消耗量应包括 (   )。

A 基本用工　　　　　　　　　B 辅助用工

C 人工幅度差　　　　　　　　D 多余用工

E 超运距用工

5. 预算定额中材料损耗量包括 (   )。

A 施工操作中的材料损耗　　　B 施工地点材料堆放损耗

C 材料采购运输损耗　　　　　D 材料场内运输损耗

E 材料仓库内外保管损耗

三、预算定额编制题

已知：某工程对干混砂浆砌筑加气混凝土砌块墙这一分项进行定额的测定，结果如下：

(1) 用计时观察法测得：完成 $10m^3$ 砌块墙的砌筑，工人的基本工作时间为 50h，辅助工作时间占基本工作时间的 4%，准备与结束工作时间、不可避免的中断时间、休息时间分别占延续时间的 3%、2%、12%。另外，已知辅助用工为 0.3 工日，超运距用工为 0.1 工日，人工幅度差系数为 10%，二类人工单价为 135 元/工日。

(2) 已经测得的每 $10m^3$ 砌块墙材料消耗量有关数据如下：

① 蒸压砂加气混凝土砌块，净用量为 9.26m³，损耗率为 5%，单价为 259 元/m³。②干混砌筑砂浆 M7.5，净用量为 0.70m³，损耗率为 1%，单价为 413.73 元/m³。③水消耗量为 0.4m³，单价为 4.27 元/m³。④其他材料费为上述材料费之和的 1%。

（3）机械采用干混砂浆罐式搅拌机 20000L，测得其施工定额台班消耗量为 0.033 台班，机械幅度差系数 10%，台班单价 193.83 元/台班。

问题：

（1）根据给定的已知条件，计算确定该分项的人、材、机消耗量（计算结果保留三位小数）。

（2）根据计算结果，完成预算定额及单位估价表的编制（计算结果保留三位小数）。

（3）某新建工程，墙体材料为加气混凝土砌块，采用 M7.5 干混砂浆砌筑，计算得出该工程墙体工程量为 256m³，根据前面编制的预算定额，计算完成该工程的墙体砌筑人工、材料的需用量是多少（计算结果保留三位小数）？

6 概算定额、概算指标和投资估算指标

6.1　概 算 定 额

6.1.1　概算定额的概念

概算定额

　　概算定额是指完成一定计量单位的扩大分项工程或扩大结构构件所需消耗的人工、材料和机械台班的数量标准。

　　概算定额是在预算定额的基础上，以形象部位为对象将若干个联系的分项工程项目综合、扩大和合并成为一个概算定额项目。因此，建筑工程概算定额，亦称"扩大结构定额"。例如：砖基础带钢混凝土基础定额项目，它综合考虑了场地平整、挖槽（坑）、基底夯实、铺设垫层、钢混凝土基础、砖基础、防潮层、填土、运土等预算定额中的分项工程。又如，现浇捣钢筋混凝土楼面项目，综合包括了现捣钢筋混凝土结构的模板、钢筋、捣混凝土、楼板面上找平层、面层、板底抹灰、刷浆等预算定额中的分项工程。

　　概算定额与预算定额的不同之处，主要在于项目划分粗细程度和综合扩大程度上的差异，它们所起作用也各不相同。概算定额的水平应与预算定额水平保持一致，即社会平均水平。也就是说在正常情况下，反映大多数企业及工人所能完成和达到的水平。

　　概算定额可根据专业性质不同分类，如图 6-1 所示。

6.1.2　概算定额的作用

　　（1）概算定额是编制设计概算的主要依据。

　　对于大中型项目，方案设计、技术设计和施工图设计是设计工作的三个主要阶段。根据国家规定，在方案设计阶段需要编制设计概算，在技术设计阶段需要编制修正总概算，不论是设计概算还是修正总概算都必须以概算定额为主要依据进行编制。

　　（2）概算定额是项目设计方案选择的一个重要依据。

　　一个项目设计方案选择，一般从牢固、适用、经济、美观等方面进行综合评定，而一个方案它的经济性，必须通过同一项目不同方案编制出不同概算来进行比较，在满足功能

和技术性能要求的条件下，从中选择造价较小，人工、材料消耗较少，经济效益较明显的方案为最佳方案，概算定额项目的综合性，为快速、简便得出相关经济数据提供了方便。

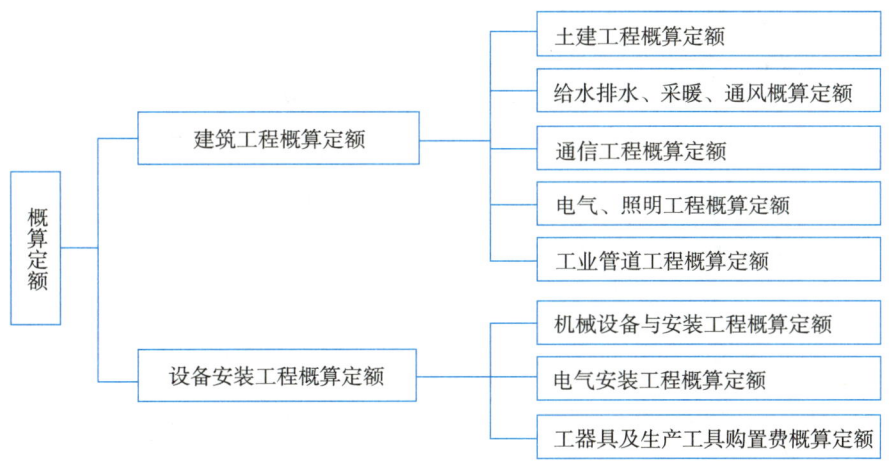

图 6-1　概算定额分类

（3）概算定额是编制主要材料消耗量的计算依据。

保证材料、物资供应是建筑工程施工顺利进行的先决条件。根据概算定额的材料消耗指标，计算出工程用料数量，能为编制主要材料消耗量提供计算依据。

（4）概算定额是编制概算指标的依据。

（5）概算定额是招标投标工程编制标底、投标报价的依据。

对于在设计方案阶段进行工程招标投标的工程，就需要依据设计方案及概算定额来编制相应标底和投标报价。

6.1.3　概算定额的编制依据、编制步骤和编制原则

1. 编制依据

概算定额的编制依据包括：

（1）现行的建筑工程预算定额、施工定额；

（2）现行的人工工资标准、材料单价、机械台班使用单价；

（3）现行的设计标准、规范、施工标准和验收规范；

（4）典型、有代表性的标准设计图纸、标准图集、通用图集和其他设计资料；

（5）原有的概算定额。

2. 编制步骤

概算定额编制一般分三个阶段进行：即准备阶段、编制阶段和审查报批阶段，如图 6-2所示。

3. 编制原则

概算定额的编制深度，要适应设计的要求，在保证设计概算质量的前提下，应贯彻社会平均水平和简明适用的原则。在保证一定准确性的前提下，概算定额项目应在预算定额项目的基础上，进行适当的综合扩大。其定额项目划分的粗细程度，应适应初步设计的深度，应以主体结构分部工程为主，合并相关联的子项，并尽可能使概算定额项目划分做到简明和便于计算。

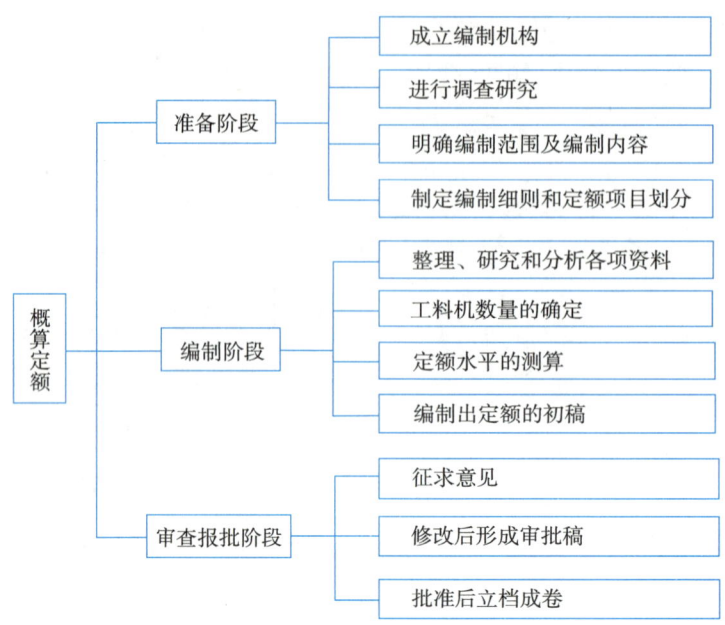

图 6-2 概算定额编制程序表

6.1.4 概算定额的内容

概算定额的内容一般由总说明、分部说明、概算定额项目表以及有关附录组成。

1. 总说明

总说明是对定额的使用方法及共同性的问题所作的综合说明和规定。总说明一般包括如下要点：

(1) 概算定额的性质和作用；

(2) 定额的适用范围、编制依据和指导思想；

(3) 有关人工、材料、机械台班定额的规定和说明；

(4) 有关定额的使用方法的统一规定；

(5) 有关定额的解释和管理等。

2. 建筑面积计算规范

建筑面积是以平方米（m²）为计量单位，反映房屋建设规模的实物量指标。建筑面积计算规范由国家统一编制，是计算工业与民用建筑面积的依据。

3. 扩大分部工程定额

每一扩大分部工程定额均可有章节说明、工程量计算规则和定额表。

例如某省概算定额将单位工程分成 13 个扩大分部，顺序如下：

(1) 土方工程

(2) 地基处理与边坡支护工程

(3) 打桩工程

(4) 基础工程

(5) 墙体工程

(6) 柱、梁工程

(7) 楼地面、顶棚工程

（8）屋盖工程

（9）门窗工程

（10）构筑物工程

（11）附属工程及零星项目

（12）脚手架、垂直运输、超高施工增加费

（13）大型施工机械进（退）场安拆费

章节说明：是对本章节的编制内容、编制依据、使用方法等所作的说明和规定。

工程量计算规则：是对本章节各项目工程量计算的规定。

4. 概算定额项目表

概算定额项目表是定额最基本的表现形式，内容包括计量单位、定额编号、项目名称、项目消耗量、定额基价及工料指标等。表 6-1、表 6-2 是某省概算定额表表式。

框架墙外墙概算定额表　　　　　　　　　　表 6-1

工作内容：砌墙、浇捣钢筋混凝土过梁、局部挂钢丝网、内墙面抹灰。　　　　　计量单位：m²

定额编号					5-25	5-26	5-27
项目					框架混凝土实心砖外墙		
					1 砖墙	1/2 砖墙	190 厚砖墙
					内面普通抹灰		
基价					122.32	85.76	116.76
其中	人工费（元）				45.12	38.19	44.58
	材料费（元）				76.35	46.79	71.38
	机械费（元）				0.85	0.78	0.80
预算定额编号	项目名称	单位	单价（元）		消耗量		
4-6	砌混凝土实心砖墙 厚 1 砖	10m³	4464.06		0.01810	—	—
4-8	砌混凝土实心砖墙 厚 1/2 砖	10m³	4866.03		—	0.00860	—
4-16	砌混凝土实心砖墙 厚 190mm	10m³	5276.72		—	—	0.01440
5-131	直形圈（过）梁 复合木模板	100m²	5392.35		0.00083	0.00167	0.00089
5-36	圆钢 HPB300 直径 10mm 以内	t	4810.68		0.00100	0.00100	0.00100
5-10	圈（过）梁、拱形梁	10m³	5331.36		0.00100	0.00060	0.00080
12-1	内墙面一般抹灰 14＋6（mm）	100m²	2563.39		0.01000	0.01000	0.01000
12-8	挂钢丝网	100m²	1077.65		0.00117	0.00117	0.00117
	名称	单位	单价（元）		消耗量		
人工	二类人工	工日	135.00		0.21894	0.16906	0.21591
	三类人工	工日	155.00		0.09983	0.09983	0.09983
材料	混凝土实心砖 240×115×53	千块	388.00		0.09629	0.04790	—
	混凝土实心砖 190×190×90	千块	296.00		—	—	0.12082
	水	m³	4.27		0.01297	0.01035	0.01176
	复合模板 综合	m²	32.33		0.01648	0.03501	0.01853
	非泵送商品混凝土 C25	m³	421.00		0.01010	0.00606	0.00808
	热轧光圆钢筋 HPB300 Φ10	t	3981.00		0.00102	0.00102	0.00102
	复合硅酸盐水泥 P·C32.5R 综合	kg	0.32		0.00560	0.01190	0.00630
	木模板	m³	1445.00		0.00025	0.00052	0.00028
	钢支撑	kg	3.97		0.05530	0.11750	0.06221

楼地面面层概算定额表　　　　　　　　　　　　　　表 6-2

工作内容：清理基层、抹找平层、铺贴面层、踢脚线等。　　　　　　　　计量单位：m²

定额编号				7-30	7-31
项目				石材楼地面	
				干混砂浆铺贴	粘结剂铺贴
基价				234.63	223.95
其中	人工费（元）			44.24	33.14
	材料费（元）			190.01	190.63
	机械费（元）			0.38	0.18
预算定额编号	项目名称	单位	单价（元）	消耗量	
11-1	干混砂浆找平层 20mm 厚	100m²	1746.27	0.00930	0.00930
11-31	石材楼地面 干混砂浆铺贴	100m²	20626.79	0.00930	—
11-32	石材楼地面 粘结剂铺贴	100m²	19557.26	—	0.00930
11-96	石材踢脚线 干混砂浆铺贴	100m²	22131.70	0.00120	—
11-98	石材踢脚线 粘结剂铺贴	100m²	21525.76	—	0.00120
	名称	单位	单价（元）	消耗量	
人工	三类人工	工日	155.00	0.28540	0.21380
材料	白色硅酸盐水泥 32.5 级 2 级白度	kg	0.59	0.11200	0.01714
	天然石材饰面板	m²	159.00	1.07340	1.07340
	水	m³	4.27	0.02775	0.01574
	干混地面砂浆 DS M15.0	m³	443.08	0.01544	—
	干混地面砂浆 DS M20.0	m³	443.08	0.02433	0.01897

　　例 6-1　干混砂浆找平层、石材楼地面、石材踢脚线预算定额见表 6-3～表 6-5，试以预算定额为基础计算表 6-2 干混砂浆铺贴石材楼地面的概算定额的基价、人工费、材料费、机械费及人工、天然石材饰面板的消耗量。

干混砂浆找平层预算定额表　　　　　　　　　　　　　表 6-3

工作内容：清理基层、调运砂浆、抹平、压实。　　　　　　　　　　计量单位：100m²

定额编号		11-1	11-2	11-3
项目		干混砂浆找平层（厚：mm）		
		混凝土或硬基层上	填充材料上	每增减 1
		20		
基价（元）		1746.27	2236.68	62.85
其中	人工费（元）	803.21	1058.19	15.81
	材料费（元）	923.29	1153.68	46.07
	机械费（元）	19.77	24.81	0.97

续表

定额编号			11-1	11-2	11-3
项目			干混砂浆找平层（厚：mm）		
			混凝土或硬基层上	填充材料上	每增减1
			20		
名称	单位	单价	消耗量		
人工 三类人工	工日	155.00	5.182	6.827	0.102
干混地面砂浆 DS M20.0	m³	443.08	2.040	2.550	0.102
水	m³	4.27	0.400	0.400	—
其他材料费	元	1.00	17.700	22.120	0.880
机械 干混砂浆罐式搅拌机 20000L	台班	193.83	0.102	0.128	0.005

石材楼地面预算定额表　　　　　　　　表 6-4

工作内容：清理基层、试排弹线、锯板修边、铺抹结合层、铺贴面层、清理净面；磨光、勾缝。

计量单位：100m²

定额编号			11-31	11-32
项目			石材楼地面	
			干混砂浆铺贴	粘结剂铺贴
基价（元）			20627	19557
其中 人工费（元）			3341.18	2390.10
材料费（元）			17265.84	17167.16
机械费（元）			19.77	—
名称	单位	单价	消耗量	
人工 三类人工	工日	155.00	21.556	15.420
材料 天然石材饰面板	m²	159.00	102.000	102.000
干混地面砂浆 DS M20.0	m³	443.08	0.510	—
干混地面砂浆 DS M15.0	m³	443.08	1.530	—
纯水泥浆	m³	430.36	0.101	—
白水泥	kg	0.59	10.200	—
棉纱	kg	10.34	1.000	1.000
石料切割锯片	片	27.17	0.615	0.615
石材填缝剂	kg	2.59	—	10.200
石材粘合剂	kg	1.08	—	768.750
水	m³	4.27	2.300	1.150
电	kW·h	0.78	11.070	11.070
其他材料费	元	1.00	48.970	51.900
机械 干混砂浆罐式搅拌机 20000L	台班	193.83	0.102	—

解：干混砂浆铺贴石材楼地面的概算定额编制（m²）：材料费、机械费及人工费。

（1）基价＝∑（概算定额中该项目消耗量×相应预算定额基价）

＝1746.27×0.00930＋20627×0.00930＋22131.70×0.00120

＝234.63 元

踢脚线预算定额表　　　　　　　　表 6-5

工作内容：清理基层、试排弹线、锯板修边、铺抹结合层、铺贴面层、清理净面。　　计量单位：100m²

定额编号			11-95	11-96	11-98
项目			干混砂浆	石材	
				干混砂浆铺贴	粘结剂铺贴
基价（元）			4684.29	22131.70	21525.76
其中	人工费（元）		3449.68	4744.71	2868.12
	材料费（元）		1209.99	17377.10	18657.64
	机械费（元）		24.62	9.89	
	名称	单位	单价	消耗量	
人工	三类人工	工日	155.00	22.256	30.611	18.504
材料	天然石材饰面板	m²	159.00	—	104.000	104.000
	干混地面砂浆 DS M15.0	m³	443.08	1.520	1.010	—
	干混地面砂浆 DS M20.0	m³	443.08	1.010	0.510	—
	纯水泥浆	m³	430.36	—	0.101	—
	白水泥	kg	0.59	—	14.280	14.280
	棉纱头	kg	10.34	—	1.000	1.000
	石料切割锯片	片	27.17	—	0.670	0.670
	石材填缝剂	kg	2.59	—	—	768.750
	石材粘合剂	kg	1.08	—	—	10.300
	水	m³	4.27	4.280	2.200	1.100
	电	kW·h	0.78	—	9.060	9.060
	其他材料费	元	1.00	70.72	70.72	70.72
机械	干混砂浆罐式搅拌机 20000L	台班	193.83	0.127	0.051	—

（2）材料费＝∑（概算定额中该项目消耗量×相应预算定额材料费）

＝923.29×0.00930＋17265.84×0.00930＋17377.1×0.00120

＝190.01 元

（3）机械费＝∑（概算定额中该项目消耗量×相应预算定额机械费）

＝19.77×0.00930＋19.77×0.00930＋9.89×0.00120

＝0.38 元

（4）三类人工消耗量＝∑（概算定额中该项目消耗量×相应预算定额三类人工消耗量）

＝5.182×0.00930＋21.556×0.00930＋30.611×0.00120

＝0.28540 工日

（5）天然石材饰面板消耗量

＝∑（概算定额中该项目消耗量×相应预算定额天然石材饰面板消耗量）

＝102×0.00930＋104×0.00120＝1.07340m²

5. 附录

附录一般列在概算定额手册的后面，它是对定额的补充，具体内容各地区不尽相同。

6.2 概算指标

6.2.1 概算指标的概念

建筑工程概算指标通常以整个建筑物和构筑物为对象，以建筑面积、体积或成套设备装置的台或组为计量单位而规定的人工、材料、机械台班的消耗量标准和造价指标。概算指标是比概算定额综合性更强的一种定额指标。它是已完工程概算资料的分析和概括，也是典型工程统计资料的计算成果。

概算指标可分为两大类：一类是建筑工程概算指标；另一类是设备与安装工程概算指标。如图 6-3 所示。

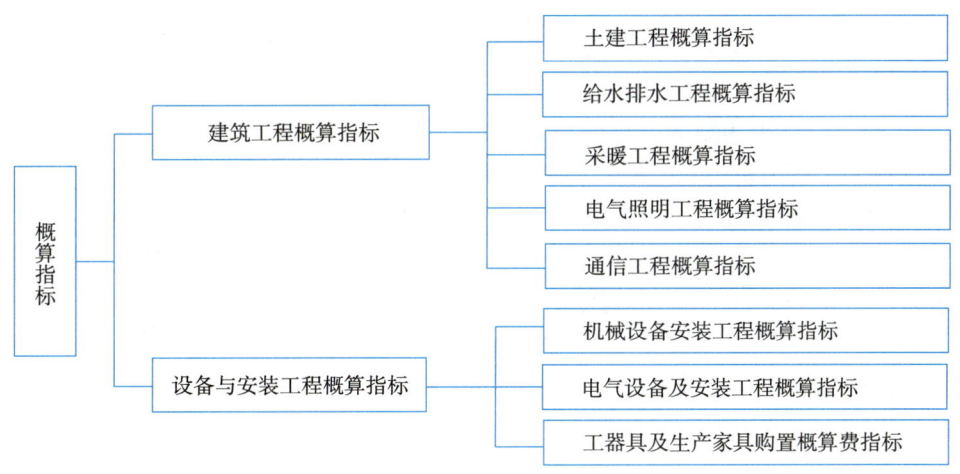

图 6-3　概算指标的分类

6.2.2 概算指标的作用

（1）概算指标是编制投资估算的参考依据。

（2）概算指标是设计单位进行方案比较，建设单位选址的依据。

（3）概算指标的主要材料指标，可作为估算单位工程或单项工程主要材料用量的依据。

（4）概算指标是建设单位编制建设投资计划，国家主管部门编制固定资产投资计划，确定投资额的依据。

6.2.3 概算指标的编制依据、编制步骤、编制原则

1. 概算指标的编制依据

（1）国家、省、自治区、直辖市批准颁发的标准图集，典型代表工程的工程设计图纸。

（2）现行概算指标及其他相关资料。

（3）国家颁发的现行建筑设计规范、施工规范及其他有关技术规范。

（4）编制期相应地区的人工工资标准、材料价格、机械台班使用单价等。

（5）已完工程的预（结）算资料。

2. 概算指标的编制步骤

（1）首先成立编制小组，拟订编制方案，包括明确编制原则和方法、确定编制内容和表现形式、明确编制工作规划和时间安排。

（2）收集整理编制概算指标所必需的标准图集、典型设计图纸，已完工程的预（结）算资料等。

（3）编制概算指标，包括按指标内容及表现形式，利用已完工程造价资料结合人工工资单价、材料价格、机械台班使用单价进行具体计算分析。在编制概算指标时应尽可能运用计算机网络等手段，进行工程造价资料积累和数据库的建立。

（4）最后进行审核、平衡分析、水平测算、征求意见、修改初稿、审查定稿。

3. 概算指标的编制原则

（1）按平均水平确定概算指标的原则。

（2）概算指标的内容和表现形式，要贯彻简明适用的原则。

（3）概算指标的编制依据，必须具有代表性。

编制概算指标所依据的工程设计资料，类型上是典型的，技术上是规范的，经济上是合理的，工艺上是先进的。

6.2.4 概算指标的主要内容

概算指标的主要内容由总说明、分册说明、经济指标及结构特征等组成。

1. 总说明及分册说明

总说明主要包括概算指标编制依据、作用、适用范围、分册情况及共同性问题的说明；分册说明就是对本册中具体问题作出必要的说明。

2. 经济指标

经济指标是概算指标的核心部分，它包括该单项工程或单位工程每平方米造价指标、扩大分项工程量、主要材料消耗及工日消耗指标等。

3. 结构特征

结构特征是指在概算指标内标明建筑物等的示意图，并对工程的结构形式、层高、层数和建筑工程进行说明，以表示建筑结构工程的概况。

6.2.5 概算指标编制实例

实例 6-1：某市安置房造价指标分析（表 6-6～表 6-9）

（一）工程概况 表 6-6

工程基本信息			
项目名称	某市安置房项目工程	专业分类	建筑安装工程
建设单位		建设地点	杭州
建设规模			
建筑面积（m²）	220667.27	地下建筑面积（m²）	62476.2
地上层数	25	地下层数	2
建筑高度（m）	76.15	结构类型	现浇混凝土结构
工程造价（元）	643887456	单方造价（元/m²）	2917.91

续表

工程计价信息			
计价方式	清单计价（13）	计价依据	2018 定额
造价类型	招标控制价	编制日期	2019.1
工程主要特征信息			

本指标为某市安置房项目，该工程为钢筋混凝土结构工程，总建筑面积为220667.27m²，包括土建、安装、市政。
土建工程：包括土石方、桩基、砌筑、混凝土、楼地面、墙柱面、天棚、屋面、门窗等工程。
安装工程：包括机械设备、电气、给水排水、通风空调、消防等工程。
市政工程：包括隧道等工程

（二）工程造价费用组成分析表　　　　表 6-7

编号	项目	金额（元）	单方造价（元/m²）	占造价比例（%）	其中占造价比例（%）					
					人工费	材料费	机械费	管理费	利润	风险费
一	分部分项合计	466776573	2115.3	72.49	11.61	55.8	1.66	2.31	1.12	0
1	建筑（编号：01）	386034370	1749.4	59.95	9.66	46.01	1.52	1.85	0.91	0
1.1	土石方工程	3620510	16.41	0.56	0.01	0.4	0.11	0.02	0.01	0
1.2	桩基工程	40699550	184.44	6.32	0.9	3.84	1.1	0.33	0.16	0
1.3	砌筑工程	12030245	54.52	1.87	0.39	1.37	0.01	0.07	0.03	0
1.4	混凝土及钢筋混凝土工程	154980257	702.33	24.07	2.11	21.18	0.21	0.38	0.19	0
1.5	金属结构工程	1063359	4.82	0.17	0.06	0.09	0	0.01	0	0
1.6	门窗工程	38737476	175.55	6.02	0.27	5.67	0	0.05	0.02	0
1.7	屋面及防水工程	21429099	97.11	3.33	0.75	2.38	0.01	0.13	0.06	0
1.8	保温、隔热、防腐工程	7269085	32.94	1.13	0.41	0.6	0	0.07	0.03	0
1.9	楼地面装饰工程	20439000	92.62	3.17	0.88	2.04	0.03	0.15	0.07	0
1.10	墙、柱面装饰与隔断、幕墙工程	37876228	171.64	5.88	2.39	2.86	0.03	0.4	0.2	0
1.11	天棚工程	4313386	19.55	0.67	0.19	0.44	0	0.03	0.02	0
1.12	油漆、涂料、裱糊工程	27290238	123.67	4.24	0.97	3.03	0	0.16	0.08	0
1.13	其他装饰工程	12764392	57.84	1.98	0.25	1.66	0.01	0.04	0.02	0
1.14	其他工程	3521545	15.96	0.55	0.07	0.46	0	0.01	0.01	0
2	安装（编号：03）	80574482	365.14	12.51	1.94	9.77	0.14	0.45	0.22	0
2.1	机械设备安装工程	15324414	69.45	2.38	0.09	2.27	0	0.02	0.01	0
2.2	电气设备安装工程	29803638	135.06	4.63	0.88	3.41	0.04	0.2	0.1	0
2.3	建筑智能化工程	363332	1.65	0.06	0	0.05	0	0	0	0
2.4	自动化控制仪表安装工程	48596	0.22	0.01	0	0.01	0	0	0	0
2.5	通风空调工程	3292259	14.92	0.51	0.12	0.34	0	0.03	0.01	0
2.6	工业管道工程	3423135	15.51	0.53	0.14	0.32	0.02	0.04	0.02	0
2.7	消防工程	7988782	36.2	1.24	0.27	0.87	0.01	0.06	0.03	0
2.8	给水排水、采暖、燃气工程	15265008	69.18	2.37	0.42	1.75	0.06	0.1	0.05	0

续表

编号	项目	金额（元）	单方造价（元/m²）	占造价比例（%）	其中占造价比例（%）					
					人工费	材料费	机械费	管理费	利润	风险费
2.9	刷油、防腐蚀、绝热工程	459278	2.08	0.07	0.02	0.04	0	0.01	0	0
2.10	其他工程	4606042	20.87	0.72	0	0.71	0	0	0	0
3	市政（编号：04）	167720	0.76	0.03	0.01	0.02	0	0	0	0
3.1	隧道工程	167720	0.76	0.03	0.01	0.02	0	0	0	0
二	措施项目费	84651047	383.61	13.15	4.53	3.52	2.17	1.13	0.55	0
1	组织措施费	7979348	36.16	1.24	0	0	0	0	0	0
1.1	安全文明施工基本费	7979348	36.16	1.24	0	0	0	0	0	0
2	技术措施费	76671699	347.45	11.91	4.53	3.52	2.17	1.13	0.55	0
2.1	脚手架工程	11199390	50.75	1.74	0.81	0.66	0.05	0.14	0.07	0
2.2	混凝土模板及支架（撑）	30346867	137.52	4.71	2.35	1.6	0.15	0.41	0.2	0
2.3	垂直运输	12971766	58.78	2.01	0	0.08	1.55	0.26	0.13	0
2.4	超高施工增加	9638321	43.68	1.5	0.97	0.07	0.17	0.19	0.09	0
2.5	大型机械设备进出场及安拆	965525	4.38	0.15	0.04	0.03	0.06	0.02	0.01	0
2.6	施工排水、降水	100000	0.45	0.02	0	0.02	0	0	0	0
2.7	安全文明施工及其他措施项目	3203840	14.52	0.5	0.19	0	0.18	0.08	0.04	0
2.8	其他工程	8245990	37.37	1.28	0.16	1.06	0.02	0.03	0.01	0
三	其他项目费	0	0	0	0	0	0	0	0	0
四	规费	33924616	153.74	5.26	0	0	0	0	0	0
五	税金	58535224	265.26	9.09	0	0	0	0	0	0
六	合计	643887456	2917.91	100	16.14	59.32	3.83	3.44	1.67	0

（三）清单项目主要工程量分析表　　　　　　　　　　　　　表 6-8

序号	项目名称	单位	工程量	单方用量	金额（元）
一	土（石）方工程				
1	土方开挖	m³	34642.85	0.157	987375
2	土（石）方回填	m³	127013.14	0.576	2538014
二	桩与地基基础工程				
1	成孔灌注桩	m	111274	0.504	40699550
三	砌筑工程				
1	砖砌体	m³	23302.84	0.106	12002556
四	混凝土及钢筋混凝土工程				
1	现浇混凝土垫层	m³	5978.44	0.027	3485683
2	现浇混凝土基础	m³	33431.68	0.152	23950968
3	现浇混凝土柱	m³	3536.47	0.016	2671663

序号	项目名称	单位	工程量	单方用量	金额（元）
4	现浇混凝土梁	m³	18559.68	0.084	12748123
5	现浇混凝土墙	m³	22682.82	0.103	16107450
6	现浇混凝土板	m³	28758.08	0.13	20347322
7	现浇混凝土栏板	m³	425.32	0.002	331320
8	现浇混凝土楼梯	m²	8281.13	0.038	1414309
9	现浇混凝土其他构件	m³	1869.39	0.008	1425084
10	现浇混凝土钢筋	t	13306.148	0.06	59907288
11	桩基础钢筋	t	2342.382	0.011	10696089
五	屋面及防水工程				
1	屋面卷材防水	m²	65863.31	0.298	3294993
2	屋面涂膜防水	m²	65637.36	0.297	1528171
3	屋面刚性防水	m²	58005.08	0.263	5174348
4	卷材防水	m²	78696.39	0.357	2527886
5	涂膜防水	m²	52586.62	0.238	1821971
6	砂浆防水（潮）	m²	245804.51	1.114	5868072
六	耐酸、隔热、保温防腐工程				
1	屋面保温隔热	m²	12296.38	0.056	552188
2	墙面保温隔热	m²	134163.85	0.608	5911484
3	楼地面保温隔热	m²	78423.8	0.355	805412
七	楼地面工程				
1	细石混凝土楼地面	m²	173592	0.787	14948350
2	石材楼地面	m²	5612.33	0.025	224355
3	块料楼地面	m²	26479.25	0.12	2640010
4	水泥砂浆踢脚线	m²	12342.42	0.056	785150
5	块料踢脚线	m²	1753.12	0.008	205536
6	水泥砂浆面层楼梯	m²	8211.94	0.037	1282705
7	扶手带栏杆、栏板	m	5466.81	0.025	955879
8	靠墙扶手	m	1887.48	0.009	201837
八	墙柱面工程				
1	墙面抹灰	m²	485457.66	2.2	17608070
2	墙柱面钉贴网片	m²	90268.19	0.409	1063359
3	柱、梁面抹灰	m²	11357.41	0.051	563098
4	墙面镶贴块料	m²	23945.37	0.109	4779840
九	天棚工程				
1	天棚抹灰	m²	214244.26	0.971	541541
2	天棚吊顶	m²	24637.14	0.112	3750860

序号	项目名称	单位	工程量	单方用量	金额（元）
十	门窗工程				
1	木门	m²	7067.73	0.032	4152506
2	金属门	m²	20879.176	0.095	13512332
3	金属卷帘门	m²	716.88	0.003	405327
4	其他门	m²	157.2	0.001	98332
5	金属窗	m²	34334.926	0.156	18698437
十一	措施项目				
1	综合脚手架	m²	220667.27	1	9490124
2	满堂脚手架	m²	82998.45	0.376	995180
3	混凝土基础模板	m²	2357.35	0.011	104638
4	混凝土柱模板	m²	29956.32	0.136	1460071
5	混凝土梁模板	m²	157699.95	0.715	9683159
6	混凝土墙模板	m²	208860.9	0.946	8430453
7	混凝土板模板	m²	190481.39	0.863	8464993
8	混凝土栏板、翻檐模板	m²	6669.13	0.03	370070
9	混凝土楼梯模板	m²	8286.84	0.038	1242363
10	混凝土其他构件模板	m²	1612.28	0.007	98365
11	垂直运输	m²	222772.32	1.01	12422759
十二	电气设备安装工程				
1	电力电缆	m	53538.13	0.243	4533364
2	控制电缆	m	1699.5	0.008	340571
3	电气配管	m	461817.8	2.093	4658081
4	电气配线	m	1284990.06	5.823	3961736
5	桥架	m	15720.9	0.071	2095227
6	配电箱	台	1590	0.007	7171759
十三	消防工程				
1	水喷淋钢管	m	34353.94	0.156	2219151
2	消火栓钢管	m	7574.85	0.034	994594
3	水喷淋（雾）喷头	个	9291	0.042	225585
4	消火栓	套	2216	0.01	1207314
5	点型探测器	个	10127	0.046	973300
6	模块	个	2876	0.013	1391578
十四	给水排水；采暖；燃气工程				
1	镀锌钢管（管道）	m	2917	0.013	206496
2	钢管（管道）	m	5266.4	0.024	626625
3	铸铁管（管道）	m	2365.22	0.011	602090

序号	项目名称	单位	工程量	单方用量	金额（元）
4	塑料管（管道）	m	121055.65	0.549	3559943
5	复合管（管道）	m	976.8	0.004	93364
6	螺纹阀门	个	10422	0.047	552338
7	焊接法兰阀门	个	402	0.002	282858
8	沟槽式阀门	个	416	0.002	783943
9	泵	台	190	0.001	449189
十五	通风空调工程				
1	通风机	台	342	0.002	5084271
2	碳钢通风管道	m²	13961.18	0.063	2034127

（四）工料机消耗量分析表　　　　　　　表 6-9

序号	名称	单位	工程量	单方用量
一	人工			
1	一类人工	工日	693.614	0.003
2	二类人工	工日	462344.611	2.095
3	三类人工	工日	226872.613	1.028
二	材料			
1	螺纹钢	t	16050.914	0.073
2	圆钢	t	712.013	0.003
3	钢板	t	303.22	0.001
4	水泥	t	1048.374	0.005
5	砌砖	千块	6618.754	0.03
6	砌块	m³	5735.105	0.026
7	黄砂	t	461.15	0.002
8	碎（卵）石	t	833.331	0.004
9	泵送商品混凝土	m³	110335.713	0.5
10	非泵送商品混凝土	m³	57382.296	0.26
11	干混砂浆	m³	17149.431	0.078
12	瓷砖	m²	24322.572	0.11
13	焊接钢管	m	114124.309	0.517
14	镀锌钢管	m	32231.622	0.146
15	塑料管材	m	17793.372	0.081
16	电线	m	1473648.033	6.678
17	电缆	m	55892.362	0.253
18	风机	台	307	0.001
19	配电箱	台	1590	0.007
20	水泵	台	191	0.001

序号	名称	单位	工程量	单方用量
21	桥架	m	10058.287	0.046
三	机械			
1	机械用人工	工日	54992.503	0.249
2	机械用汽油	kg	217635.569	0.986
3	机械用柴油	kg	122848.067	0.557
4	机械用电	kW·h	7401723.716	33.542

实例 6-2：某市某工业厂房造价分析（表 6-10～表 6-13）

（一）工程概况　　　　　　　　　　　　　　　　　　　　　　表 6-10

工程名称	某工业厂房	建设地点	某市	工程类别	三类
建筑面积	21426m²	结构类型	框架结构	檐高	19m
层数	六层	单方造价	1190 元/m²	编制日期	某年某月
工程结构特征		本工程为某工厂联合厂房综合楼，主体六层，局部七层，地下室一层，车间层高 6m，夹层层高 3m。基础采用 800 和 900 钻孔灌注桩，计 191 根。全框架承重结构，多孔黏土砖填充墙分隔。车间内每层的横向框采用无粘结预应力技术，两端有悬挑结构			

（二）工程量清单汇总　　　　　　　　　　　　　　　　　　表 6-11

项目		单方造价（元/m²）	占总造价比例（%）
非实物形态竞争性费用		66.16	5.56
建筑工程量清单		923.86	77.64
其中	结构	798.31	67.09
	装饰	125.55	10.55
安装工程量清单		107.33	9.02
其中	水施	7.06	0.60
	电气	57.53	4.83
	自喷及消火栓	19.62	1.65
	消防报警	22.36	1.88
	通风	0.76	0.06
计工日		0.11	0.01
合计		1097.46	92.23
不可预见费（5%）		54.87	4.61
税金（3.43%）		37.64	3.16

（三）土建部分构成比例及主要工程量　　　　　　　　　　表 6-12

项目	分部直接费（元）	占直接费比例（%）	单位	工程量/m²
土石方工程 挖土方	164619	0.74	m³	0.41
打桩工程	4459959	20.01		

续表

项目	分部直接费（元）	占直接费比例（%）	单位	工程量/m²
基础与垫层 无筋混凝土垫层 地下室底板	3562190	15.98	m³ m³	0.04 0.14
砖石工程 多孔砖墙 防水砂浆	421397	1.89	m³ m³	0.09 0.20
混凝土及钢筋混凝土 柱 梁 板	10480536	47.02	m³ m³ m³	0.08 0.05 0.14
屋面工程 防水卷材 水泥砂浆找平	153633	0.69	m² m²	0.15 0.25
耐酸保温	9443	0.04		
附属工程	8551	0.04		
楼地面工程 水泥砂浆楼地面 水磨石楼地面 顶棚混合砂浆	736919	3.31	m² m² m²	0.12 0.82 0.04
墙柱面工程 混合砂浆墙柱面 水泥砂浆墙柱面 顶棚混合砂浆	713807	3.20	m² m² m²	0.46 0.47 0.99
门窗工程 胶合板门 塑钢窗 塑料门窗	1364693	6.12	m² m² m²	0.02 0.01 0.16
油漆涂料工程 抹灰面乳胶漆 外墙涂料	213338	0.96	m² m²	1.34 0.31
合计	22289085	100		

（四）主要材料消耗指标　　　　　　　　　　　　　　表 6-13

项目	单位	每平方米耗用量	项目	单位	每平方米耗用量
钢筋	kg	79.00	安装用材		
水泥42.5级	kg	224.03	型钢	kg	0.19
木材	m³	0.001	电线管	kg	0.55
塑钢门窗	m²	0.17	白铁皮	kg	0.67
木模板	m³	0.02	UPVC给水管	m	0.04
彩釉砖	m²	0.05	铜塑线	m	1.48

6.2.6 概算指标的应用

概算指标能直接套用，但必须基本符合拟建工程的外形特征、结构特征、建筑物层数基本相同，建设地点在同一地区等。但概算指标在应用中，由于拟建工程（设计对象）与类似工程的概算指标相比，经常遇到以下情况：

（1）技术条件不尽相同；

（2）概算指标编制年份的设备、材料、人工等价格与当时当地价格不一样；

（3）外形特征和结构特征不一样。

因此，必须对其进行调整。其调整方法如下：

（1）设计对象的结构特征与概算指标有局部差异时的单价调整

其调整方法是在原概算指标基础上换入新结构的费用，换出旧结构的费用。计算公式如下：

$$结构局部变化修正概算指标(元/m^2)=原概算指标(元/m^2)+换入新结构的含量×新$$
$$结构相应的单价-旧结构的含量×旧结构相应$$
$$的单价 \tag{6-1}$$

（2）设计对象的结构特征与概算指标有局部差异时的工料机数量调整

其调整基本方法是在原概算指标工料机数量的基础上，换入新结构的工料机数量，换出旧结构的工料机数量。计算公式如下：

$$结构局部变化修正概算指标的工料机数量=原概算指标的工料机数量+换入结构构件$$
$$工程量×相应定额工料机消耗量-换出结$$
$$构构件×相应定额工料机消耗量 \tag{6-2}$$

（3）设备、人工、材料、机械台班费用的调整

由于建设地点不同，引起设备、人工、材料机械台班费用的调整，其计算公式如下：

$$设备、工、料、机修正费用=原概算指标的设备、工、料、机费用+\sum(换入设备、工、料、机$$
$$数量×拟建地区相应单价)-\sum(换出设备、工、料、机数量×$$
$$原概算指标设备、工、料、机单价) \tag{6-3}$$

例 6-1 某地区拟建一砖混结构商住楼，建筑面积 4500m²，结构形式与已建成的某工程相同，只有外墙保温贴面不同，其他部分较为接近。类似工程单方概算造价 715 元/m²，外墙为珍珠岩板保温、水泥抹面，每平方米建筑面积消耗量分别为 0.05m³、0.95m²，珍珠岩板单价 250 元/m³、水泥砂浆 8.5 元/m²；拟建工程外墙为加气混凝土保温，外贴面砖，每平方米建筑面积消耗量分别为 0.1m³、0.85m²，加气混凝土单价 175 元/m³、贴面砖 47.5 元/m²。

试求拟建工程的概算单方造价指标。

解 修正概算指标＝原概算指标＋换入结构指标－换出结构指标

拟建工程概算单方造价＝715＋0.1×175＋0.85×47.5－（0.05×250＋0.95×8.5）
＝752.3 元/m²

6.3 投资估算指标

6.3.1 投资估算指标的概念

投资估算指标是以独立的建设项目、单项工程或单位工程为对象，综合项目全过程投

资和建设中各类成本和费用，反映出其扩大的技术经济指标。投资估算是编制和确定项目建议书和可行性研究报告投资估算的基础和依据，它既是定额的一种表现形式，但又不同于其他的计价定额。投资估算作为项目前期投资评估服务的一种扩大的技术经济指标，具有较强的综合性、概括性。

6.3.2 投资估算指标的作用

（1）投资估算指标在编制项目建议书和可行性研究报告阶段，它是正确编制投资估算，合理确定项目投资额，进行正确的项目投资决策的重要基础；

（2）投资估算指标是投资决策阶段，计算建设项目主要材料需用量的基础；

（3）投资估算指标是编制固定资产长远规划投资额的参考依据；

（4）投资估算指标在项目实施阶段，是限额设计和控制工程造价的依据。

6.3.3 投资估算指标的编制原则

投资估算指标属于建设前期进行投资估算的技术经济指标，它要求较全面反映项目建设全部投资额，不仅要反映实施阶段的静态投资，而且还必须反映建设期间和交付使用期内发生的动态投资。因此，投资估算指标的编制工作除遵循一般定额的编制原则外，还必须坚持下列原则。

1. 项目确定的预见性原则

投资估算指标的确定，应当考虑以后若干年编制项目建议书和可行性研究投资估算的需要。

2. 坚持技术上先进可行、经济上合理的原则

投资估算的编制内容，典型工程的选取，必须符合国家的产业发展方向和技术经济政策。对建设项目的建设标准、工艺标准、建筑标准、占地标准、劳动定员标准等的确定，尽可能做到立足国情、立足发展、立足工程实际，坚持技术上先进可行和经济上低耗、合理，力争以较少的投入取得最大的效益。

3. 坚持与项目建议书和可行性研究报告的编制深度相适应

投资估算指标的分类、项目划分、项目内容、表现形式等要结合各专业实际，并且要与项目建议书和可行性研究报告的编制深度相适应。

4. 要具有更大的综合性、概括性和全面性

投资估算指标的编制不仅要反映不同行业、不同项目和不同工程的特点，而且还要反映在项目建设和投产期间的静、动态投资额，因此要有比一般定额更大的综合性、概括性和全面性。

5. 坚持能分能合、有粗有细、细算粗编的原则

投资估算指标既是国家进行项目投资控制与指导的一项重要经济指标，又是编制投资估算的重要依据。因此要求它能合能分，有粗有细，细算粗编，既要能反映一个建设项目全部投资及其构成，又要有组成建设项目投资的各个单项工程投资及具体分解指标，以使指标具有较强的实用性，扩大投资估算的覆盖面。

6.3.4 投资估算指标的内容

投资估算指标是确定和控制建设项目全过程各项投资支出的技术经济指标，其范围涉及建设前期、建设实施期和竣工验收交付使用期等各个阶段的费用支出。其内容因行业不同而各异，一般可分为：建设项目综合指标、单项工程指标和单位工程指标三个层次。

1. 建设项目综合指标

建设项目综合指标是指按规定应列入建设项目投资的从立项筹建至竣工验收交付使用的全部投资额，包括固定资产投资和流动资产投资，其组成如图6-4所示。

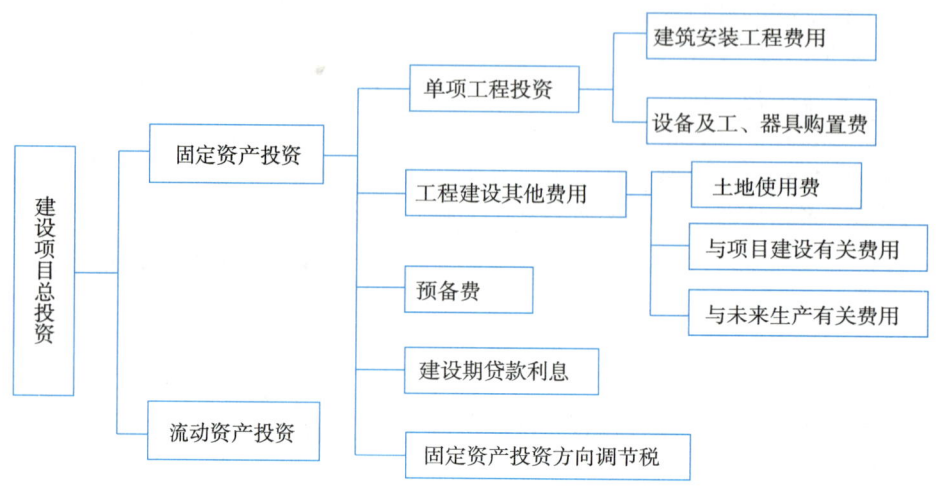

图 6-4　建设项目综合指标

建设项目综合指标一般以项目综合生产能力单位投资表示，如元/t、元/kW，或以使用功能表示，如医院床位：元/床，或以建筑面积表示，如元/m²。

2. 单项工程指标

单项工程指标指按规定应列入能独立发挥生产能力或使用效益的单项工程内的全部投资额，包括建筑安装工程费、设备及工器具购置费和工程建设其他费用。其组成如图6-5所示。

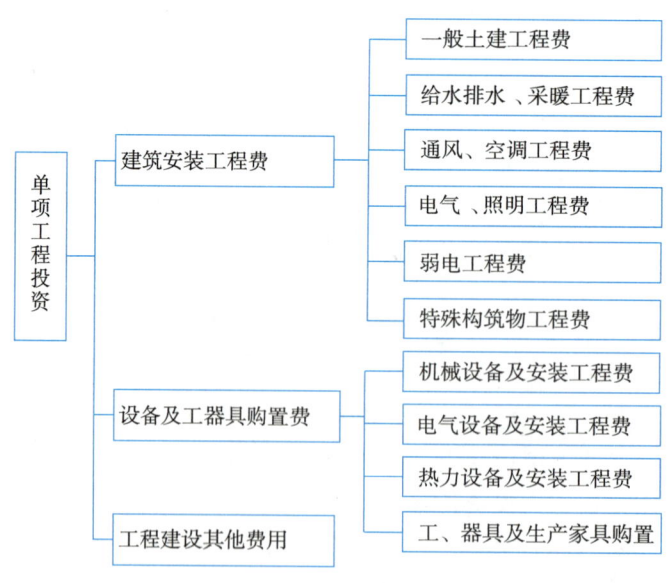

图 6-5　单项工程指标

单项工程指标一般以单项工程生产能力单位投资（如元/t）或其他单位表示，如：

变配电站：元/(kV·A)；

锅炉房：元/蒸汽吨；

供水站：元/m³；

办公室、仓库、宿舍、住宅等房屋则区别不同结构形式为元/m²。

3. 单位工程指标

单位工程指标是指按规定应列入能独立设计、组织单独施工的工程项目的费用，即建筑安装工程费用。其组成如图 6-6 所示。

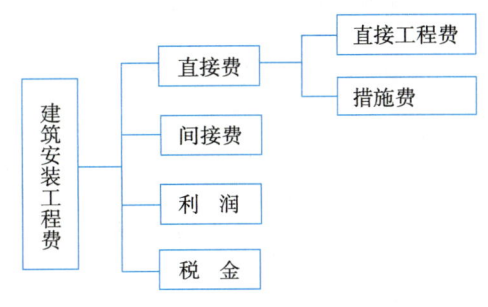

图 6-6　单位工程指标

单位工程一般以如下方式表示：

（1）房屋：区别不同结构形式，以元/m²表示；

（2）道路：区别不同结构层、面层，以元/m²表示；

（3）水塔：区别不同结构、容积，以元/座表示；

（4）管道：区别不同材质、管材，以元/m 表示；

（5）烟囱：区别不同材料、高度，以元/座表示。

6.3.5　投资估算指标的编制方法

投资估算的编制是一项系统工程，它渗透的方面相当多，如产品规模、方案、工艺流程、设备选型、工程设计和技术经济等。因此，编制一开始就必须成立由专业人员和专家及相关领导参加的编制小组，制定一个包括编制原则、编制内容、指标的层次项目划分、表现形式、计量单位、计算、平衡、审查程序等内容的编制方案，具体指导编制工作。

投资估算指标编制工作一般可分为三个阶段进行：

1. 调查收集整理资料阶段

调查收集与编制内容有关的已经建成或正在建设的工程设计目标、施工文件、概算依据，这是编制投资估算指标的基础。资料收集得越多，越有利于提高指标的准确性、实用性与适应性。注意，在大量收集的同时要重视对资料的整理工作。

2. 平衡调整阶段

由于调查收集的资料来源不同，虽然经过前期的整理分析，但由于建设地点、条件、时间上带来的影响，特别是新工艺、新技术、新材料的不断出现，生产力水平的不断提高需要对所收集的资料进行综合平衡的调整。

3. 测算审查阶段

测算是根据新编的投资估算指标编制选定工程的投资估算，将它与选定工程的概预算在同一价格条件下进行比较，检验其误差程度是否在允许偏差的范围内。如偏差过大，要找出原因，进行调整。在此多次调整的基础上组织相关人员进行全面审查定稿，并报相关部门审发。

思　考　题

1. 什么是概算定额，它有哪些作用？

2. 预算定额与概算定额有何异同点？

3. 概算定额的编制依据与编制原则有哪些?

4. 什么是概算指标, 它有哪些作用?

5. 概算指标如何分类?

6. 试述概算指标的内容及表现形式。

7. 概算指标与概算定额有何异同?

8. 试述当设计对象的结构特征与概算指标有局部差异时, 概算指标的调整方法。

9. 某市一住宅楼为混合结构, 建筑面积 $3500m^2$, 建筑工程直接费为 680 元/m^2, 其中: 块石基础为 45 元/m^2。而今拟建一栋住宅楼, 建筑面积 $40000m^2$, 基础采用钢筋混凝土带形基础为 65 元/m^2, 其他结构相同。求该拟建住宅楼工程直接费。

10. 什么是投资估算指标?

11. 投资估算指标的作用和编制原则是什么?

12. 投资估算指标内容一般可分几个层次?

13. 试述投资估算的编制方法。

14. 某砖混结构的建筑物体积是 $1000m^3$, 毛石带形基础的工程量为 $85m^3$, 若每 $10m^3$ 毛石基础需用砌石工 7.15 工日, 又假定在该项单位工程中其他分部工程不需要砌石工。试求完成该建筑物需用砌石工数量。

自 测 题

一、单项选择题

1. ( ) 是编制扩大初步设计概算, 计算和确定工程造价, 计算人工、材料、机械台班需要量所使用的定额。

A 概算定额   B 概算指标

C 预算定额   D 施工定额

2. 概算定额是在 ( ) 基础上编制的。

A 预算定额   B 劳动定额

C 施工定额   D 概算指标

3. 投资估算指标不包括的内容是 ( )。

A 建设项目综合指标   B 单项工程指标

C 单位工程指标   D 扩大分部分项工程指标

4. 概算指标在具体内容和表示方法上, 可分为 ( ) 两种形式。

A 综合指标和单项指标   B 单项指标和单位指标

C 综合指标和分项指标   D 综合指标和分类指标

5. 概算指标的分类包括 ( )。

A 综合指标、单项指标

B 建筑工程概算指标、安装工程概算指标

C 单位工程概算指标、单项工程概算指标、建设项目概算指标

D 人工概算指标、材料概算指标、机械台班概算指标

6. 单项工程指标一般以 ( ) 表示。

A 工作量   B 工、料、机消耗量

C 费用总额   D 单项工程生产能力单位投资

7. ( ) 一般以项目的综合生产能力单位投资表示。

A 建设项目综合指标   B 单项工程指标

C 单位工程指标   D 概算指标

8. 不能用来单独计算人工、材料、机械台班的消耗量的定额是（　　）。

A　预算定额　　　　　　　　　　B　概算定额

C　概算指标　　　　　　　　　　D　投资估算指标

9. 一般来说，分部分项工程单价编制依据是（　　）。

A　施工定额和预算定额　　　　　B　预算定额和概算定额

C　概算定额和概算指标　　　　　D　概算指标和投资估算指标

10. 某砖混结构的建筑体积是 $900m^3$，毛石带形钢筋基础的工程量为 $67.5m^3$，若每品毛石基础需要用砌石工 8.0 工日，又假定该单位工程中没有其他工程需要的砌石工。则每 $100m^3$ 建筑物需要的砌石工为（　　）工日。

A　10.7　　　　　　　　　　　　B　48.6

C　60　　　　　　　　　　　　　D　75.9

二、多项选择题

1. 概算定额的编制阶段包括（　　）。

A　准备阶段　　　　　　　　　　B　收集资料阶段

C　编制阶段　　　　　　　　　　D　整理资料阶段

E　审查报批阶段

2. 概算指标的编制原则是（　　）。

A　平均水平原则　　　　　　　　B　平均先进水平原则

C　简明适用的原则　　　　　　　D　代表性原则

E　静态、动态相结合的原则

3. 投资估算指标一般可分为（　　）三个层次。

A　建设项目指标　　　　　　　　B　设备购置费用指标

C　单项工程指标　　　　　　　　D　工程建设其他费用指标

E　单位工程指标

4. 概算指标的表现形式包括（　　）。

A　一般房屋建筑概算指标　　　　B　分部工程概算指标

C　土方工程分项指标　　　　　　D　单项工程概算指标

E　安装工程概算指标

5. 投资估算指标的编制阶段分为（　　）。

A　收集整理资料阶段　　　　　　B　资料分析阶段

C　平衡调整阶段　　　　　　　　D　测算审查阶段

E　校验阶段

6. 概算定额编制原则是（　　）。

A　社会平均水平　　　　　　　　B　社会平均先进水平

C　简明适用　　　　　　　　　　D　以专家为主编制定额原则

E　统一性和差别性相结合的原则

7. 下列属于设备安装工程概算定额的有（　　）。

A　通风空调工程　　　　　　　　B　电气设备安装

C　给水排水管道工程　　　　　　D　机械设备安装工程

E　坚持统一性和差别性相结合原则

8. 概算定额的编制依据有（　　）。

A　预算定额　　　　　　　　　　B　现行的设计标准规范

C　施工定额　　　　　　　　　　D　概算指标

E　工、料、机价格

9. 概算指标列表形式一般包括（　　　）。

A　工程特征　　　　　　　　B　经济指标

C　构造内容　　　　　　　　D　示意图

E　工程量指标

10. 概算定额与预算定额在（　　　）比较相近。

A　项目划分　　　　　　　　B　表达主要内容

C　表达主要方式　　　　　　D　基本使用方式

E　计量单位

7 工程费用和费用定额

造价匠师心语

要真正成为一个优秀的造价师，不能仅仅满足于算量套价计费，更需要养成好的习惯，不断学习，实时洞悉与造价费用有关的新政策、新标准、新文件，掌握其内容与施行办法，更要严格按照规范、规则的规定计取，只有这样才能精确进行造价费用计算，避免高估漏算，才能不断提高自己工作能力与水平。

7.1 工程费用

工程费用定额

7.1.1 建设工程费用的构成

建设工程费用是指建设项目按照既定的建设内容、建设规模、建设标准、工期全部建成并经验收合格交付使用所需的全部费用。它是建设工程造价构成的主要内容，包括用于购买工程项目所需各种设备的费用，用于建筑和安装施工所需支出的费用，用于委托工程勘察设计、监理应支付的费用，用于购置土地所需费用，也包括用于建设单位进行项目管理和筹建所需的费用等。

我国现行建设项目总投资由建设投资、建设期贷款利息、固定资产投资方向调节税和铺底流动资金组成（图7-1）。其中建设投资由工程费用、工程建设其他费用、预备费三部分组成。

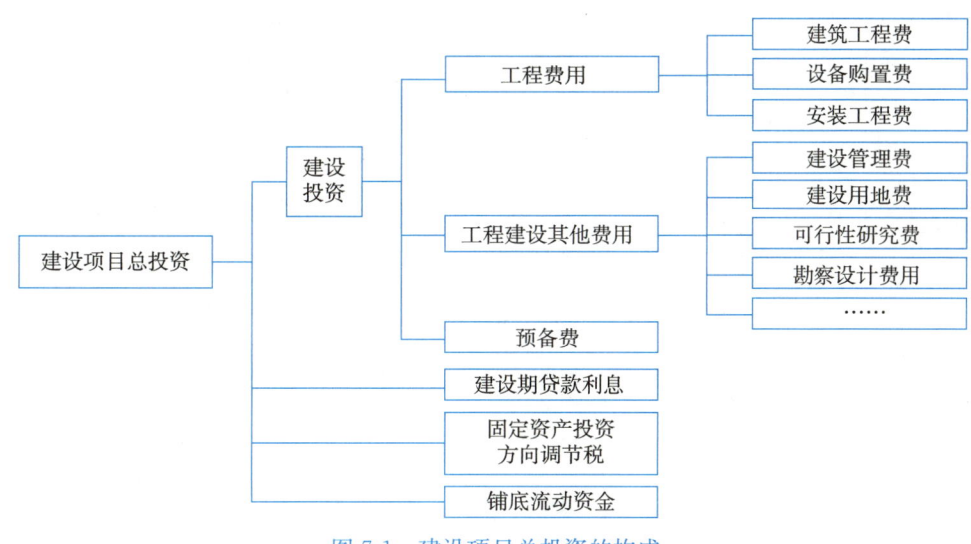

图 7-1　建设项目总投资的构成

7.1.2 建筑安装工程费用的构成

我国现行建筑安装工程费用主要由分部分项工程费、措施项目费、其他项目费、规费和税金组成。其具体构成如图 7-2 所示。

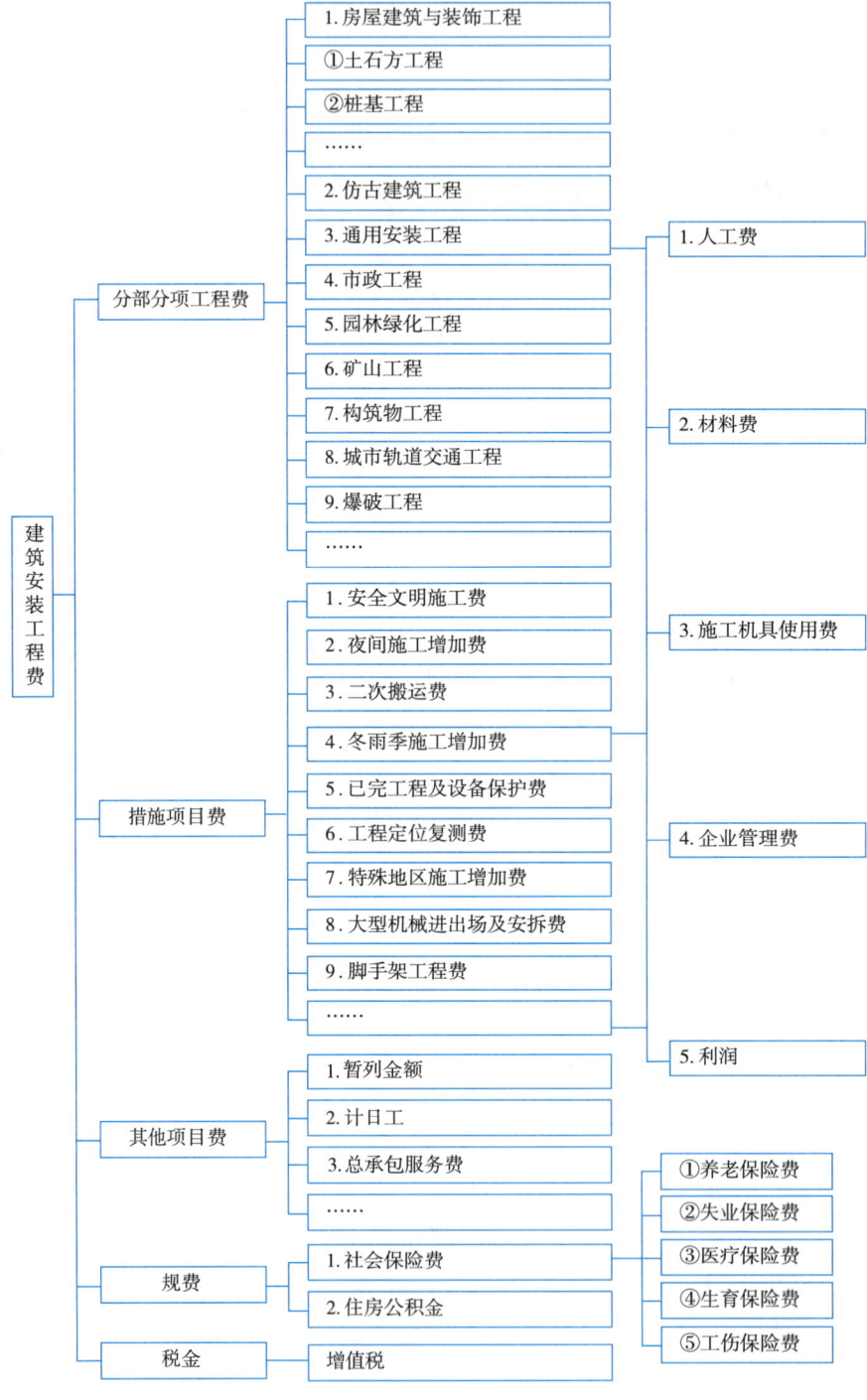

图 7-2 建筑安装工程费用构成

7.2 建筑安装工程费用定额

7.2.1 建筑安装工程费用定额组成

建筑安装工程费用定额是以某个或多个自变量为计算基础，反映专项费用（因变量）社会必要劳动量的百分率或标准。它包括措施费定额、间接费定额、利润和税金定额，如图 7-3 所示。

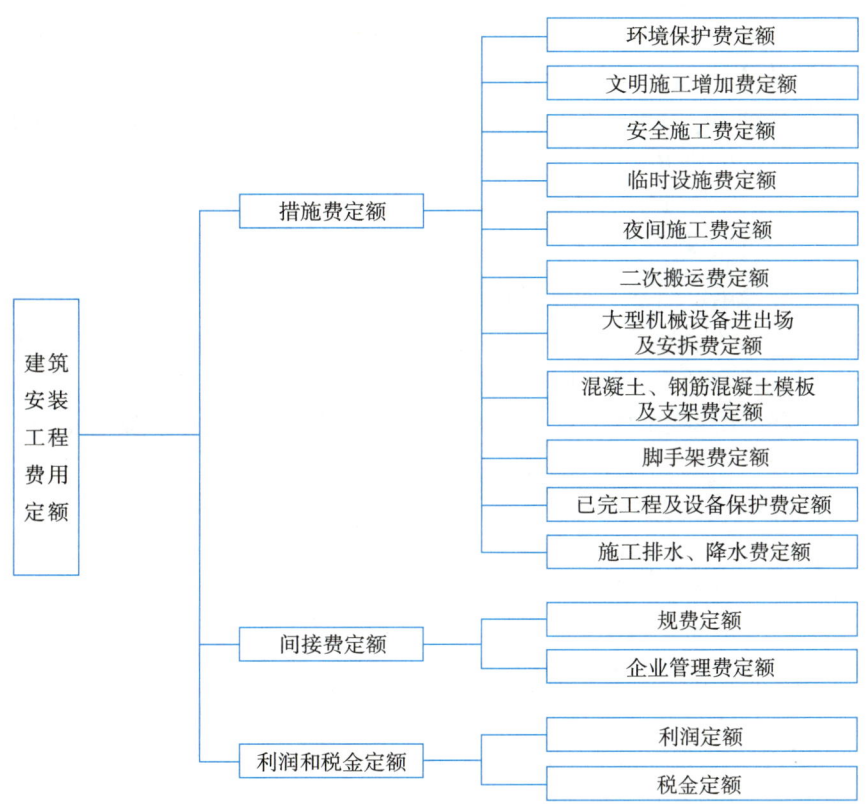

图 7-3　建筑安装工程费用定额组成

1. 措施费定额

措施费定额是指预算定额分项工程项目内容以外，为完成工程项目施工，发生于该工程施工前和施工过程中非工程实体项目的费用开支标准。措施费对不同企业、不同工程来说，可能发生，也可能不发生，需要根据具体的情况加以确定。

2. 间接费定额

间接费定额是与建筑安装生产的个别产品无关，而为企业生产全部产品所必需，为维持企业的经营管理活动所必须发生的各项费用开支的标准。间接费定额由规费定额和企业管理费定额组成，每部分又包含若干项具体的费用项目。

3. 利润和税金定额

利润和税金定额是建筑安装企业职工为社会劳动创造的那部分价值在建筑安装工程造

价中的体现。

随着我国社会主义市场经济体制的建立，为建筑市场创造了公平竞争的环境，建筑安装工程费用定额正逐步由企业隶属关系计取改由按工程类别取费，实行同一产品同一价格。根据《住房城乡建设部　财政部关于印发〈建筑安装工程费用项目组成〉的通知》（建标〔2013〕44 号），工程造价管理机构在确定计价定额中利润时，应以定额人工费或（定额人工费＋定额机械费）作为计算基数，其费率根据历年工程造价积累的资料，并结合建筑市场实际确定，以单位（单项）工程测算，利润在税前建筑安装工程费的比重可按不低于 5％且不高于 7％的费率计算。利润应列入分部分项工程和措施项目中。

建筑安装工程税金是指国家税法规定的应计入建筑安装工程造价内的营业税、城市维护建设税、教育费附加以及地方教育附加，实行营业税改增值税的，为应计入建筑安装工程造价内的增值税。从 2016 年 5 月 1 日起，我国全面推开营改增试点，将建筑业、房地产业、金融业、生活服务业纳入试点范围。

7.2.2　建筑安装工程费用定额的编制原则

建筑安装工程费用定额是工程造价的重要依据，它的合理性和准确性与否直接关系到工程造价确定的精确性。为了提高建筑安装工程费用定额的编制，应贯彻下述原则。

1. 合理地确定定额水平的原则

建筑安装工程费用定额的水平应按照社会必要劳动量确定。建筑安装工程费用定额的编制工作是一项政策性很强的技术经济工作。合理地确定定额水平，关系到定额能否在生产组织管理中发挥作用。合理的定额水平，应该从实际出发。在确定建筑安装工程费用定额时，一方面要及时准确地反映企业技术和施工管理水平，促进企业管理水平不断完善提高，这些因素会对建筑安装工程费用支出的减少产生积极的影响；另一方面也应该考虑由于材料价格上涨、定额人工费的变化会使建筑安装工程费用定额有关费用支出发生变化的因素。各项费用开支标准应符合国务院、财政部、各省、自治区、直辖市人民政府的有关规定。

2. 简明、实用性原则

确定建筑安装工程费用定额，应在尽可能地反映实际消耗水平的前提下，做到形式简明、方便实用。要结合工程建设的技术经济特点，在认真分析各项费用属性的基础上，理顺费用定额的项目划分，有关部门可以按照统一的费用项目划分，制定相应的费率，费率的划分应与不同类型的工程和不同企业等级承担工程的范围相适应，按工程类型划分费率，实行同一工程同一费率。运用定额计取各项费用的方法应力求简单易行。

3. 要贯彻灵活性和准确性相结合的原则

工程造价的确定既不能"高估冒算"，也不能"低于成本价报价"。这就要求在建筑安装工程费用定额的编制过程中，一定要充分考虑可能对工程造价造成影响的各种因素。在编制措施费定额时，要充分考虑现场的施工条件对某个具体工程的影响，要对各种因素进行定性、定量的分析研究后制定出合理的费用标准。在编制间接费定额时，要贯彻合理节约的原则，在满足施工生产和经营管理需要的基础上，尽量压缩非生产人员的人数，以节约企业管理费中的有关费用支出。

7.2.3 建筑安装工程措施费定额的编制方法

1. 环境保护费定额

环境保护费是指施工现场为达到环保部门要求所需要的各项费用。环境保护费一般是以直接工程费为计算基数，按年平均需要以费率的形式计取，包干使用。这种方法计算方便，便于企业统筹和包干使用。其计算公式如下：

$$环境保护费＝直接工程费×环境保护费费率（\%） \tag{7-1}$$

式中　　环境保护费费率$（\%）＝\dfrac{本项费用年度平均支出}{全年建安产值×直接工程费占总造价比例（\%）}$

2. 文明施工增加费定额

文明施工费是指施工现场文明施工所需要的各项费用。文明施工增加费一般是以直接工程费为计算基数，按年平均需要以费率形式计取，包干使用。其计算公式如下：

$$文明施工费＝直接工程费×文明施工费费率（\%） \tag{7-2}$$

式中　　文明施工费费率$（\%）＝\dfrac{本项费用年度平均支出}{全年建安产值×直接工程费占总造价比例（\%）}$

3. 安全施工费定额

安全施工费是指施工现场安全施工所需要的各项费用。安全施工费一般是以直接工程费为计算基数，按年平均需要以费率形式计取，包干使用。其计算公式如下：

$$安全施工费＝直接工程费×安全施工费费率（\%） \tag{7-3}$$

式中　　安全施工费费率$（\%）＝\dfrac{本项费用年度平均支出}{全年建安产值×直接工程费占总造价比例（\%）}$

4. 临时设施费定额

临时设施费是指施工企业为进行建筑工程施工所必须搭设的生活和生产用的临时建筑物、构筑物和其他临时设施的费用等。

临时设施包括：临时宿舍、文化福利及公用事业，房屋与构筑物，仓库、办公室、加工厂以及规定范围内道路、水、电、管线等临时设施和小型临时设施。

临时设施费用包括：临时设施的搭设、维修、拆除费或摊销费。

临时设施费计算方法如下：

临时设施费一般由以下三部分组成：

(1) 周转使用临建（如活动房屋）；

(2) 一次性使用临建（如简易建筑）；

(3) 其他临时设施（如临时管线）。

计算公式如下：

临时设施费＝（周转使用临建费＋一次性使用临建费）×[1＋其他临时设施所占比例
　　　　　（\%）]　　　　　　　　　　　　　　　　　　　　　　　　　　　　(7-4)

式中（1）周转使用临建费

$$周转使用临建费＝\sum\left[\dfrac{临建面积×每平方米造价}{使用年限×365×利用率（\%）}×工期（d）\right]＋一次性拆除费 \tag{7-5}$$

（2）一次性使用临建费

$$一次性使用临建费＝\sum 临建面积×每平方米造价×[1-残值率(\%)]$$
$$＋一次性拆除费 \tag{7-6}$$

（3）其他临时设计在临时设计费中所占比例，可由各地区造价管理部门依据典型施工企业的成本资料经分析后综合测定。

5. 夜间施工增加费定额

夜间施工增加费是指由于设计和施工技术要求和合理的施工进度安排必须连续施工而发生的夜间施工增加的费用。

费用内容包括：

（1）照明设施的安装、拆除和摊销费；

（2）电力消耗费用；

（3）人工工效降低；

（4）机械降效；

（5）夜班津贴费。

计算公式如下：

$$夜间施工增加费＝\left(1-\frac{合同工期}{定额工期}\right)×\frac{直接工程费中的人工费合计}{平均日工资单价}$$
$$×每工日夜间施工费开支 \tag{7-7}$$

式中
$$每工日夜间施工费开支＝\frac{夜间施工开支额}{夜间施工人数}$$

6. 材料二次搬运费定额

材料二次搬运费是指由于施工场地的限制或有障碍物，建筑安装材料、半成品、成品无法直接运输到施工工地，而必须经过二次搬运所增加的费用。

费用内容包括：装卸费、驳运费和材料损耗费。

此项费用的开支与施工组织及管理有密切的关系，一般以费率形式包干使用，有的工程则根据具体情况协商确定，目的是促使施工企业提高施工组织调度和管理水平，降低搬运费用开支。

计算方法：材料二次搬运费一般以直接工程费为计算基数，按年平均需要以费率形式常年计取，包干使用。其计算公式如下：

$$材料二次搬运费＝直接工程费×材料二次搬运费费率(\%) \tag{7-8}$$

式中
$$二次搬运费费率(\%)＝\frac{年平均二次搬运费开支额}{全年建安产值×直接工程费占总造价的比例(\%)}$$

7. 大型机械设备进出场及安拆费定额

大型机械设备进出场及安拆费是指机械整体或分体自停放场地运至施工现场或由一个施工地点运至另一个施工地点，所发生的机械进出场运输及转移费用及机械在施工现场进行安装、拆卸所需的人工费、材料费、机械费、试运转费和安装所需的辅助设施的费用。

其计算公式如下：

$$大型机械进出场及安拆费＝\frac{一次进出场及安拆费×年平均安拆次数}{年工作台班} \tag{7-9}$$

8. 混凝土、钢筋混凝土模板及支架费定额

混凝土、钢筋混凝土模板及支架费是指混凝土施工过程中需要的各种钢模板、木模板、支架等的支、拆、运输费用及模板、支架的摊销（或租赁）费用。

计算方法：

混凝土、钢筋混凝土模板及支架费按自有和租赁两种不同情况分别计算，计算公式如下：

（1）自有模板及支架费＝模板摊销量×模板价格＋支、拆、运输费

式中　　　模板摊销量＝一次使用量×（1＋施工损耗率）

$$\times\left[\frac{1+(\text{周转次数}-1)\times\text{补损率}}{\text{周转次数}}-\frac{(1-\text{补损率})\times50\%}{\text{周转次数}}\right] \quad (7\text{-}10)$$

（2）租赁模板及支架费＝模板使用量×使用日期×租赁价格

$$+\text{支、拆、运输费} \quad (7\text{-}11)$$

9. 脚手架费定额

脚手架费是指施工需要的各种脚手架搭、拆、运输费用及脚手架的摊销（或租赁）费用。其计算方法同模板及支架费用，计算公式如下：

（1）自有脚手架搭拆费＝脚手架摊销量×脚手架价格＋搭、拆、运输费 　(7-12)

$$\text{脚手架摊销量}=\frac{\text{单位一次使用量}\times(1-\text{残值率})}{\text{耐用期}\div\text{一次使用期}} \quad (7\text{-}13)$$

（2）租赁脚手架费＝脚手架每日租金×搭设周期＋搭、拆、运输费 　(7-14)

10. 已完工程及设备保护费定额

已完工程及设备保护费是指竣工验收前，对已完工程及设备进行保护所需的费用。计算公式如下：

$$\text{已完工程及设备保护费}=\text{成品保护所需机械费}+\text{材料费}+\text{人工费} \quad (7\text{-}15)$$

11. 施工排水、降水费定额

施工排水、降水费是指为确保工程在正常条件下施工，采取各种排水、降水措施所发生的各种费用。计算公式如下：

$$\text{排水、降水费}=\sum(\text{排水、降水机械台班费}\times\text{排水降水周期})$$
$$+\text{排水、降水使用材料费、人工费} \quad (7\text{-}16)$$

7.2.4 建筑安装工程间接费定额的编制方法

1. 间接费定额的内容组成

间接费是指企业经营过程中所发生的费用，由规费和企业管理费组成。具体内容如图 7-4 所示。

（1）规费

规费是指按国家法律、法规规定，由省级政府和省级有关权力部门规定必须缴纳或计取的费用。包括：

1）社会保险费

① 养老保险费：是指企业按照规定标准为职工缴纳的基本养老保险费。

② 失业保险费：是指企业按照规定标准为职工缴纳的失业保险费。

③ 医疗保险费：是指企业按照规定标准为职工缴纳的基本医疗保险费。

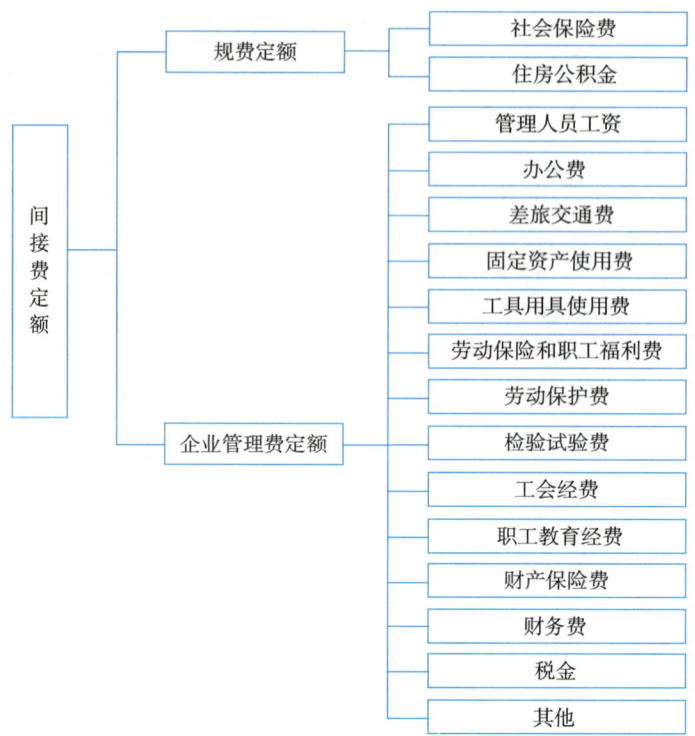

图 7-4　间接费定额组成

④ 生育保险费：是指企业按照规定标准为职工缴纳的生育保险费。

⑤ 工伤保险费：是指企业按照规定标准为职工缴纳的工伤保险费。

2）住房公积金：是指企业按规定标准为职工缴纳的住房公积金。

（2）企业管理费

企业管理费是指建筑安装企业组织施工生产和经营管理所需的费用。内容包括：

1）管理人员工资：是指按规定支付给管理人员的计时工资、奖金、津贴补贴、加班加点工资及特殊情况下支付的工资等。

2）办公费：是指企业管理办公用的文具、纸张、账表、印刷、邮电、书报、办公软件、现场监控、会议、水电、烧水和集体取暖降温（包括现场临时宿舍取暖降温）等费用。

3）差旅交通费：是指职工因公出差、调动工作的差旅费、住勤补助费，市内交通费和误餐补助费，职工探亲路费，劳动力招募费，职工退休、退职一次性路费，工伤人员就医路费，工地转移费以及管理部门使用的交通工具的油料、燃料等费用。

4）固定资产使用费：是指管理和试验部门及附属生产单位使用的属于固定资产的房屋、设备、仪器等的折旧、大修、维修或租赁费。

5）工具用具使用费：是指企业施工生产和管理使用的不属于固定资产的工具、器具、家具、交通工具和检验、试验、测绘、消防用具等的购置、维修和摊销费。

6）劳动保险和职工福利费：是指由企业支付的职工退职金、按规定支付给离休干部的经费，集体福利费、夏季防暑降温、冬季取暖补贴、上下班交通补贴等。

7）劳动保护费：是指企业按规定发放的劳动保护用品的支出，如工作服、手套、防暑降温饮料以及在有碍身体健康的环境中施工的保健费用等。

8）检验试验费：是指施工企业按照有关标准规定，对建筑以及材料、构件和建筑安装物进行一般鉴定、检查所发生的费用，包括自设试验室进行试验所耗用的材料等费用。不包括新结构、新材料的试验费，对构件做破坏性试验及其他特殊要求检验试验的费用和建设单位委托检测机构进行检测的费用，对此类检测发生的费用，由建设单位在工程建设其他费用中列支，但对施工企业提供的具有合格证明的材料进行检测不合格的，该检测费用由施工企业支付。

9）工会经费：是指企业按《中华人民共和国工会法》规定的全部职工工资总额比例计提的工会经费。

10）职工教育经费：是指按职工工资总额的规定比例计提，企业为职工进行专业技术和职业技能培训，专业技术人员继续教育、职工职业技能鉴定、职业资格认定以及根据需要对职工进行各类文化教育所发生的费用。

11）财产保险费：是指施工管理用财产、车辆等的保险费用。

12）财务费：是指企业为施工生产筹集资金或提供预付款担保、履约担保、职工工资支付担保等所发生的各种费用。

13）税金：是指企业按规定缴纳的房产税、车船使用税、土地使用税、印花税等。

14）其他：包括技术转让费、技术开发费、投标费、业务招待费、绿化费、广告费、公证费、法律顾问费、审计费、咨询费、保险费等。

2. 间接费定额的基础数据

间接费定额的各项费用支出受施工因素的影响，首先要合理地确定间接费定额的基础数据指标，这些数据指标包括：

（1）全员劳动生产率

全员劳动生产率是指施工企业的每个成员每年平均完成的建筑、安装工程的货币工作量。全员劳动生产率的计算公式为：

$$全员劳动生产率＝\frac{年度自行完成建筑安装工程工作量}{年平均在册人数} \tag{7-17}$$

（2）非生产人员比例

非生产人员比例是指非生产人员占施工企业职工总数的比例，非生产人员比例一般应控制在职工总数的20％。非生产人员由以下三部分人员组成：第一部分是在企业管理费项目开支的人员，主要有企业的政工、经济、技术、警卫、后勤人员，这部分的人员占企业职工总数的16％左右；第二部分是在职职工福利项目开支的医务、理发和保育人员，这部分人员占企业职工总数的1％左右；第三部分是在材料采购及保管费项目开支的材料采购、保管、管理人员，这部分人员占企业职工总数的3％左右。

（3）全年有效施工天数

全年有效施工天数是指在施工年度内能够用于施工的天数，通常按全年日历天数扣除法定节假日、双休日天数、气候影响平均停工天数、学习开会和执行社会义务天数、婚丧病假天数后的净施工天数计取。各地区的全年有效天数由于气候因素的影响而略有不同，原则上全年有效施工天数不应低于现行定额测算时采用的天数。

（4）工资标准

工资标准是指施工企业建筑安装生产工人的日平均标准工资和工资性补贴与非生产人

员的日平均标准工资和工资性补贴。工资性补贴主要指房贴、副食补贴、粮食补贴、冬煤补贴和交通补贴等。

（5）间接费年开支额

选择具有代表性的施工企业进行综合分析，确定出建筑安装工人每人平均的间接费开支额。

3. 间接费定额的编制方法

（1）间接费定额的计算基础

间接费定额的计算基础有三种：一种是以直接费为计算基础，一般适用于包工包料的土建工程；第二种是以人工费为计算基础，一般适用于包工不包料的土木工程、单独承包的装饰工程、大型土石方工程、吊装工程、安装工程等；第三种是以人工费和机械费为计算基础。

（2）间接费定额的计算公式

间接费的计算方法按取费基数的不同分为以下三种：

1）以直接费为计算基础

$$间接费 = 直接费合计 \times 间接费费率（\%）\tag{7-18}$$

2）以人工费为计算基础

$$间接费 = 人工费合计 \times 间接费费率（\%）\tag{7-19}$$

3）以人工费和机械费为计算基础

$$间接费 = 人工费和机械费合计 \times 间接费费率（\%）\tag{7-20}$$

（3）间接费费率的计算公式

$$间接费费率（\%）= 规费费率（\%）+ 企业管理费费率（\%）\tag{7-21}$$

式中 1）规费费率

规费费率计算公式：

① 以直接费为计算基础

$$规费费率（\%）= \frac{\sum 规费缴纳标准 \times 每万元发承包价计算基数}{每万元发承包价中的人工费含量}$$
$$\times 人工费占直接费的比例（\%）\tag{7-22}$$

② 以人工费为计算基础

$$规费费率（\%）= \frac{\sum 规费缴纳标准 \times 每万元发承包价计算基数}{每万元发承包价中的人工费含量} \times 100\%\tag{7-23}$$

③ 以人工费和机械费为计算基础

$$规费费率（\%）= \frac{\sum 规费缴纳标准 \times 每万元发承包价计算基数}{每万元发承包价中的人工费含量和机械费含量} \times 100\%\tag{7-24}$$

2）企业管理费费率

企业管理费费率计算公式：

① 以直接费为计算基础

$$企业管理费费率（\%）= \frac{生产工人年平均管理费}{年有效施工天数 \times 人工单价} \times 人工费占直接费比例（\%）\tag{7-25}$$

② 以人工费为计算基础

$$企业管理费费率（\%）=\frac{生产工人年平均管理费}{年有效施工天数×人工单价}×100\% \tag{7-26}$$

③ 以人工费和机械费为计算基础

$$企业管理费费率（\%）=\frac{生产工人年平均管理费}{年有效施工天数×（人工单价+每一工日机械使用费）}×100\% \tag{7-27}$$

例 7-1 某施工企业全员人数为 5000 人，非生产人员占全员人数的 20%，全年企业管理费开支 620 万元，生产人员日平均工资为 20 元，年有效施工天数为 230d，测得人工费占直接工程费的比例为 10%，试求按不同计算基础的企业管理费费率。

解 （1）以直接费为计算基数的企业管理费费率：

$$企业管理费费率（\%）=\frac{6200000/（5000×80\%）}{230×20}×10\%×100\%=3.37\%$$

（2）以人工费为计算基数的企业管理费费率：

$$企业管理费费率（\%）=\frac{6200000/（5000×80\%）}{230×20}×100\%=33.7\%$$

7.2.5 利润和税金定额

1. 利润

利润是指按规定应计入建筑安装工程造价的费用。实际上利润是施工企业按照国家规定（指导）的利润率，向建设单位计取的费用，作为企业的盈利。

按现行规定，根据不同承包方式，利润计算基数有三种：一是以分项直接工程费与间接费之和为基数；二是以分项直接工程费中的人工费和机械费之和为基数；三是以分项直接工程费中的人工费为计算基数。利润应依据不同投资来源或工程类别，实施差别利润率。国家规定的利润率均属于指导性的，施工企业可依据本企业的经营管理素质和市场供求状况，在规定的利润范围内，自行确定本企业的利润水平。

2. 税金

建筑安装工程税金是指国家税法规定的应计入建筑安装工程造价内的营业税、城市维护建设税、教育费附加以及地方教育附加，实行营业税改增值税的，为应计入建筑安装工程造价内的增值税。

税金计算公式：

$$税金=税前造价×综合税率（\%） \tag{7-28}$$

综合税率：

（一）纳税地点在市区的企业

$$综合税率（\%）=\frac{1}{1-3\%-（3\%×7\%）-（3\%×3\%）-（3\%×2\%）}-1$$

（二）纳税地点在县城、镇的企业

$$综合税率（\%）=\frac{1}{1-3\%-（3\%×5\%）-（3\%×3\%）-（3\%×2\%）}-1$$

（三）纳税地点不在市区、县城、镇的企业

$$综合税率（\%）=\frac{1}{1-3\%-（3\%×1\%）-（3\%×3\%）-（3\%×2\%）}-1$$

（四）实行营业税改增值税的，按纳税地点现行税率计算

$$税金＝税前造价×增值税销项税率（\%）$$

《营业税改征增值税试点实施办法》（财税〔2016〕36号）规定，一般纳税人提供建筑施工服务，适用税率为11%；小规模纳税人提供建筑服务，以及一般纳税人选择简易计税方法的建筑服务，征收率为3%。2018年5月1日起，将交通运输、建筑、基础电信服务等行业及农产品等货物的增值税税率从11%降至10%。2019年4月1日，将交通运输业、建筑业等行业现行10%的税率降为9%。

例7-2 某市一工程，以直接费为计算基础，已知该工程直接工程费为1000万元，措施费为200万元，间接费费率为12%，利润率为5%。试求该工程的含税造价。

解 （1）计算直接费

$$直接费＝直接工程费＋措施费＝1000＋200＝1200万元$$

（2）计算间接费

由题意可知该工程是以直接费为计算基础的。

$$间接费＝直接费×间接费费率＝1200×12\%＝144万元$$

（3）计算利润

$$利润＝（直接费＋间接费）×费率＝（1200＋144）×5\%＝67.2万元$$

（4）计算税金

$$税金＝（直接费＋间接费＋利润）×税率＝（1200＋144＋67.2）×3.41\%＝48.12万元$$

（5）计算含税造价

$$含税造价＝直接费＋间接费＋利润＋税金＝1200＋144＋67.2＋48.12＝1459.32万元$$

7.3 工程建设其他费用定额

7.3.1 工程建设其他费用定额组成

工程建设其他费用定额是指建设项目自建设意向成立、筹建到竣工验收办理财务决算止的整个建设期间，为保证建设顺利完成和交付使用后能够正常发挥效用而发生的各项费用开支总和的标准。长期以来，一直采用定性与定量相结合的方式，由主管部门制定工程建设其他费用标准的编制方法，为合理确定工程造价提供依据。工程建设其他费用定额经批准后对建设项目实施全过程费用控制。工程建设其他费用定额包括建设管理费、建设用地费、可行性研究费、勘察设计费、工程设计费、工程保险费、场地准备及临时设施费以及建设项目配套的其他有关费用等，如图7-5所示。

7.3.2 工程建设其他费用定额的编制原则

工程建设其他费用定额的编制应贯彻细算粗编、不留活口的原则，以利于实行费用包干。

国务院各有关部门、各省、自治区、直辖市应根据规定编制各项费用的具体标准，一般不应增加新的费用项目。对项目所包含的内容也不要随意增加。对其中个别费用项目在本地区、本部门不发生的不应列入计划。

7.3.3 工程建设其他费用定额的编制方法

工程建设其他费用定额是由国家或主管部门、省、自治区、直辖市规定的确定和开支

各项其他费用的定额。它是管理和控制工程建设中其他费用开支的基本依据和重要手段，是编制工程建设概预算时计算工程建设其他费用的直接基础。

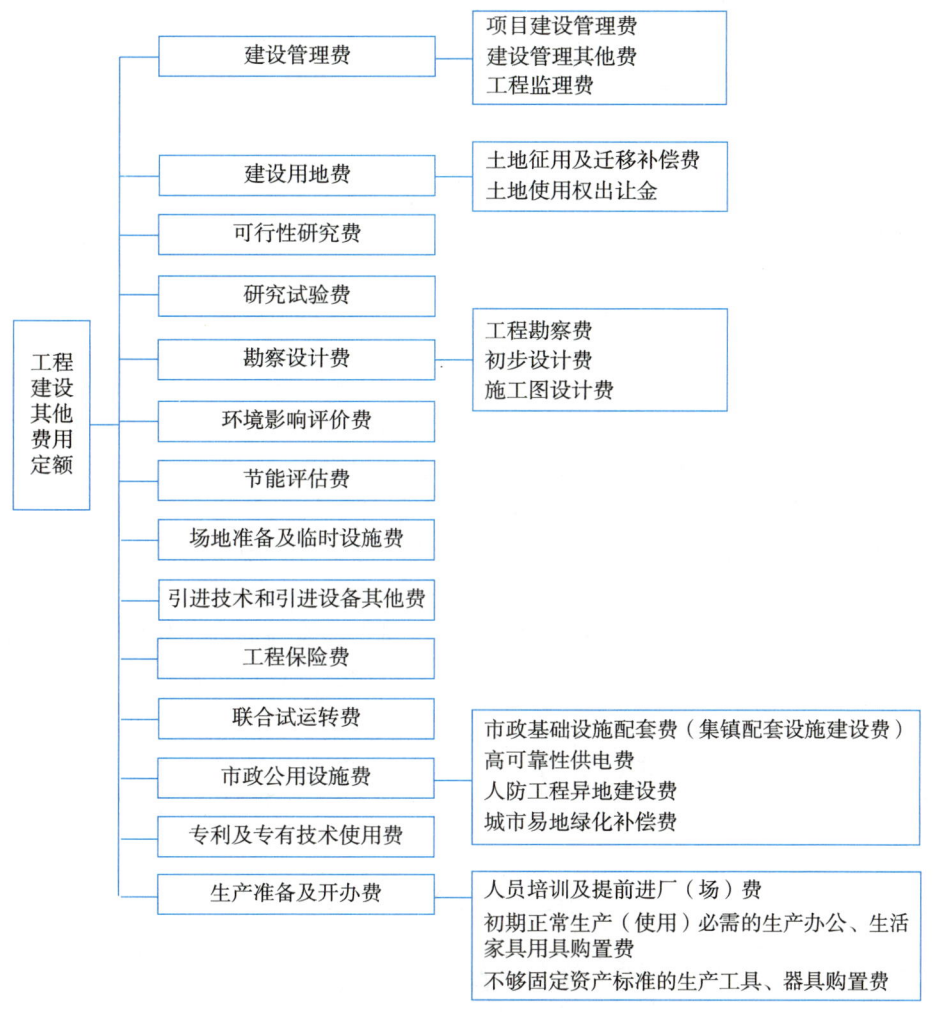

图 7-5　工程建设其他费用定额

工程建设其他费用中的每一项都是独立的费用项目，标准的编制和表现形式也都不尽相同。应该按照国家统一规定的编制原则、费用内容、项目划分和计算方法，分别由国家各有关归口管理部门和各省、自治区、直辖市依照行业特点和工程的具体情况，在编制概预算时，按照发生的计列、不发生的不列的原则进行编制和管理。

1. 建设管理费

建设管理费是指建设单位从项目建设意向成立、筹建之日起至工程竣工验收合格办理竣工财务决算为止发生的项目建设管理费用。

内容包括：

（1）项目建设管理费：是指项目建设单位从项目筹建之日起至办理竣工财务决算之日止发生的管理性质的支出。包括：不在原单位发工资的工作人员工资及相关费用、办公费、办公场地租用费、差旅交通费、劳动保护费、工具用具使用费、固定资产使用费、招募生产工人费、技术图书资料费（含软件）、业务招待费、施工现场津贴、竣工验收费和其他管理性质开支（表 7-1）。

计算方法：项目建设管理费＝单项工程费用×管理费率

项目建设管理费率 表 7-1

序号	计算基础	费率（%）	工程费用（万元）
1	工程费用	2.3	1000 以内
2	工程费用	1.7	5000
3	工程费用	1.4	10000
4	工程费用	1.2	50000
5	工程费用	0.9	100000
6	工程费用	0.5	100000 以上

（2）建设管理其他费：是指建设项目自建设意向成立起至办理竣工财务决算之日发生的工程招标代理服务费、工程造价咨询服务费（含工程量清单编制、施工阶段全过程造价咨询、竣工财务决算编制）、竣工验收时必须发生的各项检测费用和验收费用、前期测绘等在项目建设管理费中未包含的项目实施管理中发生的管理性质费用。

（3）工程监理费

工程监理费：是指建设单位委托工程监理单位对工程实施监理工作所需的费用。根据国家或省市颁布的收取标准。计算方法为监理工程概预算工程造价乘收费标准（表 7-2）。

工程监理费收费标准 表 7-2

序号	收费基价（万元）	工程费用（万元）
1	13.2	500
2	24.1	1000
3	62.5	3000
4	96.6	5000
5	144.8	8000
6	174.9	10000
7	314.7	20000
8	566.6	40000
9	793.1	60000
10	1004.6	80000
11	1205.6	100000
12	2170.0	200000
13	3906.1	400000
14	5468.5	600000
15	6926.7	800000
16	8312.1	1000000

2. 建设用地费

建设用地费是指通过划拨方式取得土地使用权而支付的土地征用及迁移补偿费，或者通过土地使用权出让的方式取得土地使用权而支付的土地使用权出让金。

（1）土地征用及迁移补偿费

土地征用及迁移补偿费，指建设项目通过划拨方式取得无限期的土地使用权，依照《中华人民共和国土地管理法》等规定所支付的费用。其总和一般不得超过被征土地年产值的 30 倍，土地年产值则按该土地被征用前三年的平均产量和国家规定的价格计算。其内容包括：

1）土地补偿费：征用耕地（包括菜地）的补偿标准，按政府规定，为该耕地年产值的若干倍，具体补偿标准由省、自治区、直辖市人民政府在此范围内制定。征用园地、鱼塘、藕塘、苇塘、宅基地、林地、牧场、草原等的补偿标准，由省、自治区、直辖市人民政府制定。征收无收益的土地，不予补偿。

2）青苗补偿费和被征用土地上的房屋、水井、树木等附着物补偿费：这些补偿费的标准由省、自治区、直辖市人民政府制定。征用城市郊区的菜地时，还应按照有关规定向国家缴纳新菜地开发建设基金。

3）安置补助费：征用耕地、菜地的，每个农业人口的安置补助费为该地每亩年产值的 4～6 倍，每亩耕地的安置补助费最高不得超过其被征用前三年平均产值的 15 倍。

4）缴纳的耕地占用税或城镇土地使用税、土地登记费及征地管理费等：县市土地管理机关从征地费中提取土地管理费的比例，要按征地工作量大小，视不同情况，在 1%～4% 的幅度内提取。

5）征地动迁费：包括征用土地上的房屋及附属构筑物、城市公共设施等拆除、迁建补偿费、搬迁运输费，企业单位因搬迁造成的减产、停工损失补贴费，拆迁管理费等。

6）水利水电工程水库淹没处理补偿费：包括农村移民安置迁建费，城市迁建补偿费，库区工矿企业、交通、电力、通信、广播、管网、水利等的恢复、迁建补偿费，库底清理费，防护工程费，环境影响补偿费用等。

（2）土地使用权出让金

土地使用权出让金，指建设项目通过土地使用权出让方式，取得有限期的土地使用权，依照《中华人民共和国城镇国有土地使用权出让和转让暂行条例》规定，支付的土地使用权出让金。

1）明确国家是城市土地的唯一所有者，并分层次、有偿、有期限地出让、转让城市土地。第一层次是城市政府将国有土地使用权出让给用地者，该层次由城市政府垄断经营。出让对象可以是有法人资格的企事业单位，也可以是外商。第二层次及以下一层次的转让则发生在使用者之间。

2）城市土地的出让和转让可采用协议、招标、公开拍卖等方式。

① 协议方式是用地单位申请，经市政府批准同意后双方洽谈具体地块及地价。该方式适用于市政工程、公益事业用地以及需要减免地价的机关、部队用地和需要重点扶持、优先发展的产业用地。

② 招标方式是在规定的期限内，由用地单位以书面形式投标，市政府根据投标报价所提供的规划方案以及企业信誉综合考虑，择优而取。该方式适用于一般工程建设用地。

③ 公开拍卖是指在指定的地点和时间，由申请用地者叫价应价，价高者得。这完全由市场竞争决定，适用于盈利高的行业用地。

表 7-3 是某省建设用地收费项目表。

某省建设用地收费项目表   表 7-3

费用项目	征用划拨	借用	出让	备注
1. 土地补偿费	√	√		限征借地
2. 青苗补偿费	√	√		
3. 附着物补偿费	√	√		
4. 安置补助费	√			限征地
5. 耕地占用税	√			
6. 造地费	√			限耕地
7. 新菜地开发建设基金	√			限耕地
8. 复垦费		√		限固定蔬菜基地
9. 水利建设专项资金	√			
10. 城镇土地使用税	√			限耕地
11. 三资企业建设用地开发费和使用费	√			限内资企业
12. 土地出让金与使用费			√	限三资企业
13. 土地管理及其他费用	√	√		

3. 可行性研究费

可行性研究费是指项目建设前期工作中，编制项目建议书（或预可行性研究报告）、可行性研究报告所需的费用。可按表 7-4 收费标准计算。

按建设项目投资估算额分档收费标准   单位：万元   表 7-4

工程费用	1000 以下	1000～3000	3000～10000	10000～50000	50000～100000	100000～500000	500000 以上
一、编制项目建议书	0.9～2.3	2.3～5.5	5.5～12.9	12.9～34.0	34.0～50.6	50.6～92	92～115
二、编制可行性研究报告	1.8～4.6	4.6～14.7	14.7～25.8	25.8～69	69～101.2	101.2～184	184～230

4. 研究试验费

研究试验费是指为建设项目提供或验证设计数据、资料等进行必要的研究试验及按照设计规定在建设过程中必须进行试验、验证的费用（表 7-5）。

计算方法：按研究试验的内容和要求，由建设单位与科研单位在合同中约定。

研究试验费   表 7-5

费用项目	费用标准	参考依据	备注
研究试验费	按照研究试验内容进行编制，列入总概算。	《城市基础设施工程投资估算指标》〔88〕建标字第 182 号	不包括： 1. 应由科技三项费用（即新产品试制费、中间试验费和重要科学研究补助费）开支的项目。 2. 应在建筑安装费用中列支的施工企业对建筑材料、构件和建筑物进行一般鉴定、检查所发生的费用及技术革新的研究试验费。 3. 应由勘察设计费或工程费用中开支的项目

5. 勘察设计费

勘察设计费是指勘察设计单位进行工程水文地质勘察、工程设计所发生的费用。

内容包括：工程勘察费、初步设计费和施工图设计费。

计算方法：勘察设计费按国家颁布的工程项目设计收费标准计算。

$$勘察设计费＝建筑面积×取费标准 \tag{7-29}$$

6. 环境影响评价费

环境影响评价费是指按照《中华人民共和国环境保护法》等规定，为全面、详细评价建设项目对环境可能产生的污染或造成的重大影响所需的费用，包括编制环境影响报告书（含大纲）、环境影响报告表所需费用。

计算方法：建设项目环境影响评价费＝工程费用×收费标准，收费标准见表7-6。

建设项目环境影响评价收费标准　单位：万元　　　　表7-6

工程费用	3000 以下	3000～20000	20000～100000	100000～500000	500000～10000000	10000000以上
一、编制环境影响报告书（含大纲）	3.7～4.5	4.5～11.2	11.2～26.1	26.1～56	56～82.2	82.2 以上
二、编制环境影响报告表	0.7～1.5	1.5～3	3～5.2	5.2 以上		

7. 节能评估费

节能评估费是指按照《固定资产投资项目节能评估和审查暂行办法》（国家发展和改革委员会令第6号）的规定，对固定资产投资项目的能源利用是否科学合理进行分析评估，并编制节能评估报告书、节能评估表所需的费用。

计算方法一般为项目建筑面积乘收费标准。居住建筑节能评估收费标准见表7-7。

居住建筑节能评估收费表　　　　表7-7

总建筑面积（万 m²）	分档累进计费基准标准（元/m²）
5（不含）以下	2.0
5（含）～10（不含）	1.75
10（含）～15（不含）	1.55
15（含）～25（不含）	1.3
25（含）～50（不含）	1.05
50（含）以上	0.85

8. 场地准备及临时设施费

场地准备及临时设施费是指建设场地准备费和建设单位临时设施费。

场地准备及临时设施尽量与永久性工程统一考虑，建设场地的大型土石方工程应计入工程费用中的总图费用中。

场地准备费是指建设项目为达到工程开工条件所发生的场地平整和对建设场地余留的有碍于施工建设的设施进行拆除清理的费用。

临时设施费是指为满足施工建设需要而供到场地界区的、未列入工程费用的临时水、电、路、讯、气等其他工程费用和建设单位的现场临时建（构）筑物的搭设、维修、拆除、摊销或建设期间租赁费用，以及施工期间专用公路养护费、维修费。

改扩建项目一般只计拆除清理费。

此项费用不包括已列入建筑安装工程费用中的施工单位临时设施费用。

计算方法：

场地准备和临时设施费＝(建筑工程费＋安装工程)×所在地区费率×项目性质系数

$$(7\text{-}30)$$

9. 引进技术和引进设备其他费

引进技术和引进设备其他费是指引进技术和设备发生的未计入设备的费用，内容包括：引进项目图纸资料翻译复制费、根据引进项目的具体情况计列或估列。

出国人员费用：依据合同或协议规定的出国人次、期限以及相应的费用标准计算。生活费按照财政部、外交部规定的现行标准计算，旅费按中国民航公布的票价计算。

来华人员费用：依据引进合同或协议有关条款及来华技术人员派遣计划进行计算。来华人员接待费用可按每人次费用指标计算。引进合同价款中已包括的费用内容不得重复计算。

银行担保及承诺费：应按担保或承诺协议计取。投资估算和概算编制时可以担保金额或承诺金额为基数乘以费率计算。

引进设备材料的国外运输费、国外运输担保费、关税、增值税、外贸手续费、银行财务费、国内运杂费、引进设备材料国内检验费等按引进货价（F.O.B 或 C.I.F）计算后进入相应的设备材料费中。

单独引进软件不计关税只计增值税。

计算方法：按照合同或协议及国家有关规定计算。

10. 工程保险费

工程保险费是指建设项目在建设期间根据需要对建筑工程、安装工程、机器设备和人身安全进行投保而发生的保险费用，包括建筑安装工程一切险、引进设备财产保险和人身意外伤害险等（表7-8）。

工程保险费用组成表　　　　　　　　表 7-8

费用项目	费用标准	依据	备注
建筑施工人员人身意外伤害保险或安全生产责任险	按工程造价或工程面积（仅对房建工程）计算	涉及费用详见经银保监会备案的相关保险条款	工程保险费用的计入需经概算审批部门批准
工程财产损失和第三者责任险	一、建筑工程一切险： 1. 物质损失部分 2. 第三者责任险：赔偿限额×费率（费率可同物质损失部分） 二、安装工程一切险： 1. 物质损失部分 2. 第三者责任险：赔偿限额×费率（费率可同物质损失部分）	涉及费用详见经银保监会备案的相关保险条款	—

不投保的工程不计取此项费用。

不同的建设项目可根据工程特点选择投保险种，根据投保合同计列保险费用。编制投资估算和概算时可按工程费用的比例计算。

工程保险费不包括已列入施工企业管理费中的施工管理用财产、车辆保险费。

11. 联合试运转费

联合试运转费是指新建项目或新增加生产能力的工程，在交付生产前按照批准的设计文件所规定的工程质量标准和技术要求，进行整个生产线或装置的负荷联合试运转或局部联动试车所发生的费用净支出（试运转支出大于收入的差额部分费用）。试运转支出包括试运转所需原材料、燃料及动力消耗、低值易耗品、其他物料消耗、工具用具使用费、机械使用费、保险金、施工单位参加试运转人员工资以及专家指导费等；试运转收入包括试运转期间的产品销售收入和其他收入。

联合试运转费不包括应由设备安装工程费用开支的调试及试车费用，以及在试运转中暴露出来的因施工原因或设备缺陷等发生的处理费用。

计算方法：联合试运转费＝联合试运转费用支出－联合试运转收入

一般建设项目可（暂）按工程费用的 0.3%～1% 计列。

12. 市政公用设施费

市政公用设施费是指使用市政公用设施的建设项目，按照工程所在地省人民政府有关规定建设或缴纳市政公用设施建设配套费用，以及绿化工程补偿费用。

13. 专利及专有技术使用费

专利及专有技术使用费包括的内容有：

（1）按专利使用许可协议和专有技术使用合同的规定计列。

（2）专有技术的界定应以省、部级鉴定批准为依据。

（3）项目投资中只计需在建设期支付的专利及专有技术使用费。协议或合同规定在生产期支付的使用费应在生产成本中核算。

（4）一次性支付的商标权、商誉及特许经营权按协议或合同规定计取。协议或合同规定在生产期支付的商标权或特许经营权在生产成本中核算。

（5）为项目配套和专用设施投资，包括专用铁路线、专用公路、专用通信设施、变送电站、地下管道、专用码头等，如由项目建设单位负责投资但产权不归属本单位的，应作无形资产处理。

计算方法：按单位产品价格×年设计产量×（3%～5%）参考计列。

14. 生产准备及开办费

生产准备及开办费是指建设项目为保证正常生产（或营业、使用）而发生的人员培训费、提前进厂费以及投资使用必备的生产办公、生活家具及工器具等购置费用。

（1）人员培训费及提前进厂（场）费：自行组织培训或委托其他单位培训的人员工资、工资性补贴、职工福利费、差旅交通费、劳动保护费、学习资料费等。

（2）为保证初期正常生产（使用）必需的生产办公、生活家具用具购置费。

（3）为保证初期正常生产（使用）必需的第一套不够固定总资产标准的生产工具、器具、用具购置费（不包括备品、备件费）。

计算方法：一般建设项目可暂按工程费用的 1%～1.2% 计列。

<h3 style="text-align:center">思　考　题</h3>

1. 建设工程费用如何构成？

2. 建筑安装工程费用如何构成？

3. 什么是建筑安装工程费用定额？

4. 建筑安装工程费用定额由哪些内容组成？

5. 建筑安装工程费用定额的编制原则是什么？

6. 建筑安装工程措施费定额主要有哪些项目，它们各自的内容及编制方法是什么？

7. 什么是间接费定额？间接费定额由哪些具体内容组成？

8. 间接费定额的基础数据包括哪些？

9. 间接费定额编制按不同计算基础有哪几种方法，它们的计算公式是什么，各适用于什么工程？

10. 规费费率有哪几种计算方法，在规费计算中需确定哪些数据？

11. 某企业全员人数 50000 人，非生产人员占 20%，全年企业管理费开支 600 万元，生产人员日平均工资 20 元，年有效施工天数为 230d，测得人工费占直接工程费的比例为 9%。试分别计算按直接工程费和人工费为计算基础的间接费费率各为多少？

12. 利润计算有哪几种不同方法？

13. 税金包括哪些内容，根据不同工程所在地写出税率计算公式。

14. 什么是工程建设其他费用定额，它主要包括哪些内容？

15. 工程建设其他费用定额的编制原则是什么？

16. 工程建设其他费用定额有哪些特点？

17. 试述工程建设其他费用定额的编制方法。

18. 建设单位管理费包括哪些内容，其计算基数是什么？

19. 工程监理费一般有几种计取方法，各适用于什么工程？

20. 土地使用费主要包括哪几种方式，它们各自包括哪些内容？

21. 城市土地的出让和转让可采用哪几种方式，各适用于什么类型用地？

22. 某项目总费用为 5000 万元，其中单项工程费用是 3500 万元，设备购置及安装单位工程费是 1350 万元，联合试运转费率为 1.2%。试计算该项目联合试运转费用。

23. 某市一建筑公司承建该市一办公楼，工程不含税造价为 2000 万元。求该施工企业应缴纳的营业税。

24. 某施工企业环境保护费年度平均支出 300 万元，全年的建安产值 10000 万元，直接工程费占总造价的比例为 75%。现该企业承包某工程的直接工程费预计 2000 万元，其中：人工费 400 万元，机械费 200 万元。试计算该工程可计提的环境保护费。

自 测 题

一、单项选择题

1. 建筑安装工程费用定额编制应遵循的原则是（　　）。

A 灵活考虑各种影响因素并达到准确合理

B 反映社会平均先进水平

C 粗算细编，不留活口

D 以企业盈利为目的，自主确定

2. 下列其他直接费定额中按年平均需要以费率形式常年计取的是（　　）。

A 特殊工程培训费定额　　　　B 仪器仪表使用费定额

C 冬雨季施工增加费定额　　　　D 特殊地区施工增加费定额

3. 建设单位管理费的计算基础是（　　）。

A 单位工程费用　　　　　　　B 单项工程费用

C 建设项目总投资　　　　　　D 建设工程总造价

4. 某项目总费用为 500 万元，其中单项工程费用是 3200 万元，设备购置及安装单位工程费用是 1650 万元，联合试运转费率为 1.2%，则联合试运转费为（　　）万元。

A　18.6　　　　　　B　19.8　　　　　　C　38.4　　　　　　D　60

5. 土建工程间接费定额以（　　）为基数计算。

A　直接费　　　　　　　　　　　　B　人工费

C　工程直接费　　　　　　　　　　D　直接工程费

6. 工程建设其他费用的发生主要取决于工程建设的（　　）。

A　规模　　　　　　　　　　　　　B　技术经济特征

C　投资额　　　　　　　　　　　　D　直接费

7. 建筑安装工程费用定额不包括（　　）。

A　直接费定额　　　　　　　　　　B　其他直接费定额

C　现场经费定额　　　　　　　　　D　间接费定额

8. 根据有关规定，新建项目的建设单位临时设施费一般按照建筑安装工程费的（　　）计算。

A　1%　　　　　　　　　　　　　　B　2%

C　3%　　　　　　　　　　　　　　D　4%

9. 工业建筑勘察费一般按（　　）计取。

A　3~5 元/m²　　　　　　　　　　B　8~12 元/m²

C　10~12 元/m²　　　　　　　　　D　预算总价的 3%

10. 某企业全员人均管理费开支为 2000 元，人工单价为 20 元，全年有效施工天数为 250d，人工占直接工程费比例为 12%，建安生产工人占全员 80%，则管理费率为（　　）。

A　4%　　　　　　B　5%　　　　　　C　6%　　　　　　D　6.25%

11. 某土建工程，生产工人每人平均冬雨季施工增加费 2000 元，全面有效施工天数为 240d，日平均人工工资单价为 22 元，人工费占直接费的比例为 18%，则该工程冬雨季施工增加费费率为（　　）。

A　37.88%　　　　B　47.25%　　　　C　6.82%　　　　D　8.31%

12. 以下不正确的说法是（　　）。

A　编制建筑安装工程费用定额贯彻简明适用原则

B　建筑安装工程费用定额应实行同一工程、同一费率

C　编制建筑安装工程费用定额可以采用工人座谈会方法

D　建筑安装费用定额一般是以某个或多个自变量为计算基础，反映专项费用社会必要劳动量的标准

13. 建设单位招标费应计在（　　）中。

A　建设单位管理费　　　　　　　　B　间接费

C　工程监理费　　　　　　　　　　D　其他直接费

14. 土地征用及迁移补偿费其总和一般不得超过被征土地年产值的（　　）倍。

A　10　　　　　　B　15　　　　　　C　20　　　　　　D　30

15. 通过使用权出让方式，取得（　　）土地使用权。

A　无期限　　　　B　有期限　　　　C　50 年　　　　D　70 年

16. 建设单位自行完成的勘定设计工作所需的费用计入（　　）中。

A　建设单位管理费　　　　　　　　B　研究试验费

C　勘察设计费　　　　　　　　　　C　工程监理费

17. 为保证筹建和建设工作正常进行所需办公设备、生产家具的购置费计在（　　）中。

A　建设单位管理费　　　　　　　　B　联合试运转转费

C　生产准备费　　　　　　　　　　D　建设单位临时设施费

18. 电气安装工程间接应以（　　）为计算基础。

A 直接费　　　　　　　　　　B 人工费

C 设备费　　　　　　　　　　D 安装费

19. 在批准的初步设计范围内，设计变更增加的费用属于（　　）。

A 工程建设其他费　　　　　　B 企业管理费

C 涨价预备费　　　　　　　　D 基本预备费

20. 土地使用权出让金是指建设项目通过（　　）支付的费用。

A 划拨方式，取得无限期的土地使用权

B 划拨方式，取得有限期的土地使用权

C 出让方式，取得无限期的土地使用权

D 出让方式，取得有期限的土地使用权

二、多项选择题

1. 建设安装工程间接费包括（　　）。

A 企业管理费　　　　　　　　B 现场管理费

C 建设单位管理费　　　　　　D 财务费

E 其他间接费

2. 以下属于建筑安装费用定额的是（　　）。

A 直接费定额　　　　　　　　B 其他直接费定额

C 现场经费定额　　　　　　　D 间接费定额

E 工程建设其他费用定额

3. 土地征用及迁移补偿费包括（　　）等。

A 土地使用权出让金　　　　　B 征地动迁费

C 青苗补偿费　　　　　　　　D 安置补助费

E 土地补偿费

4. （　　）等不属于与项目建设有关其他费用。

A 建设单位管理费　　　　　　B 勘察设计费

C 联合试运转费　　　　　　　D 办公和生活家具购置费

E 供电贴费

5. 以下费用属于工程费用的是（　　）。

A 建筑安装工程费用　　　　　B 设备及工器具购置费

C 预备费　　　　　　　　　　D 其他费用

E 贷款利息

6. 合理确定间接费定额的基础数据包括是（　　）。

A 全员劳动生产率　　　　　　B 非生产工人比例

C 全年天数　　　　　　　　　D 工资标准

E 间接费年开支额

7. 城市土地出让和转让可采用（　　）等方式。

A 协议　　　　　　　　　　　B 招标

C 划拨　　　　　　　　　　　D 公开拍卖

E 邀请招标

8. 下列费用属于建设单位管理费的是（　　）。

A 工程招标费　　　　　　　　B 工程咨询费

C 业务招待费　　　　　　　　D 法律顾问费

E 工程质量监督检测费

9. 以下为工程建设其他费用定额的编制原则的是（ ）。

A 细算粗编
B 灵活性与准确性相结合

C 反映平均先进水平
D 不留活口

E 根据实际情况自主确定

10. （ ）费用应计入设备安装工程费。

A 整个车间的负荷联合试运转费

B 测定安装工程质量时系统联动无负荷试运转工作的调试费

C 为测定安装工程质量的单机试车费用

D 整个车间的无负荷联合试转发生的费用

E 单台设备调试费用

三、计算题

某新建工厂，项目建设期为 2 年，工程费与工程建设其他费用的估算额为 40000 万元，基本预备费费率为 5%，建设期平均年价格上涨率为 6%，固定资产投资方向调节税为 5%，项目实施计划进度为：第 1 年完成项目全部投资的 60%，第 2 年完成 40%。本项目来源为自有资金和贷款，贷款总额为 25000 万元，年利率为 5%（半年计息）。

计算该建设项目工程造价。

8 工 期 定 额

8.1 概　　述

8.1.1 工期定额的概念

　　工期定额是指在一定的经济和社会条件下，在一定时期内建设行政主管部门制定并发布的工程项目建设消耗的时间标准。工程质量、工程进度、工程造价是工程项目管理的三大目标，而工程进度的控制就必须依据工期定额，它是具体指导工程建设项目工期的法律性文件。

　　工期定额是为各类工程项目规定的施工期限的定额天数，包括建设工期定额和施工工期定额两个层次。

1. 建设工期定额

　　建设工期定额一般指建设项目中构成固定资产的单项工程、单位工程从正式破土动工至按设计文件建成，能施工验收交付使用过程所需要的时间标准。

2. 施工工期定额

　　施工工期定额是指单项工程从基础破土动工（或自然地坪打基础桩）起至完成建筑安装工程施工全部内容，并达到国家验收标准之日止的全过程所需的日历天数。工期定额以日历天数为计量单位，而不是有效工作天数，也不是法定工作天数。具体开始施工的日期：

　　（1）没有桩基础的工程以正式破土挖槽为准。

　　（2）有桩基础的工程，以自然地坪打正式桩为准。

　　注意：以下情况不能算正式开工日期：

　　1）在单项工程正式开始施工以前的各项准备工作，如平整场地，地上地下障碍物的处理，定位放线等。

　　2）在自然地坪打试验桩、打护坡桩。

8.1.2 工期定额的作用

1. 工期定额是编制招标文件的依据

　　工期在招标文件中是主要内容之一，是业主对拟建工程时间上的期望值。而合理的工期是根据工期定额来确定的。

2. 工期定额是签订建筑安装工程施工合同、确定合理工期的基础

建设单位与施工安装单位双方在签订合同时可以是定额工期，也可以与定额工期不一致。因为确定工期的条件、施工方案不同都会影响工期。工期定额是按社会平均建设管理水平、施工装备水平和正常建设条件来制定的，它是确定合理工期的基础，合同工期一般围绕定额工期上下波动来确定。

3. 工期定额是施工企业编制施工组织设计，确定投标工期，安排施工进度的参考依据。

4. 工期定额是施工企业进行施工索赔的基础。

5. 工期定额是工程工期提前时，计算赶工措施费的基础。

8.1.3　工期定额编制原则

1. 合理性与差异性原则

工期定额从有利于国家宏观调控，有利于市场竞争以及当前工程设计、施工和管理的实际出发，既要坚持定额水平的合理性，又要考虑各地区的自然条件等差异对工期的影响。

2. 地区类别划分的原则

由于我国幅员辽阔，各地自然条件差别较大，同类工程在不同地区的实物工程量和所采用的建筑机械设备等存在差异，所需的施工工期也就不同。为此新定额按各省省会所在地近十年的平均气温和最低气温，将全国划分为Ⅰ、Ⅱ、Ⅲ类地区。

Ⅰ类地区：省会所在地近十年平均气温在15℃以上，最冷月份平均气温在0℃以上，全年日平均气温等于（或小于）5℃的天数在90d以内的地区，主要包括上海、江苏、浙江、安徽、福建、江西、湖北、湖南、广东、四川、云南、重庆、海南、广西、贵州。

Ⅱ类地区：省会所在地近十年平均气温在8~15℃，最冷月份平均气温在-10~0℃，全年日平均气温等于（或小于）5℃的天数在90~150d的地区，主要包括北京、天津、河北、山西、山东、河南、陕西、甘肃、宁夏。

Ⅲ类地区：省会所在地近十年平均气温在8℃以下，最冷月份平均气温在-11℃以下，全年日平均气温等于（或小于）5℃的天数在150d以上的地区，主要包括内蒙古、辽宁、吉林、黑龙江、西藏、青海、新疆。

3. 定额水平应遵循平均、先进、合理的原则

确定工期定额水平，应从正常的施工条件、多数施工企业装备程度、合理的施工组织、劳动组织和社会平均时间消耗水平的实际出发，又要考虑近年来设计、施工技术进步情况，确定合理工期。

4. 定额结构要做到简明适用

定额的编制要遵循社会主义市场经济原则，从有利于建立全国统一市场，有利于市场竞争出发，简明适用，规范建筑安装工程工期的计算。

8.1.4　工期定额编制依据和步骤

1. 编制依据

（1）国家的有关法律、法规及工时制实施办法。

（2）现行的建筑安装工程工期定额。

（3）各级主管部门关于修编工期定额的文件。

（4）现行建筑安装工程劳动定额基础定额。

（5）现行建筑安装工程设计标准、施工验收规范、安装操作规程、质量评定标准。

（6）已完工程合同工期、实际工期等调研资料。

（7）部分省、自治区、直辖市修订工期定额的调研、测算资料。

（8）其他有关资料。

2. 编制步骤

工期定额的编制大致分为三个阶段：即确定原则、统一项目阶段，确定定额工期水平阶段，报送审稿阶段，如图 8-1 所示。

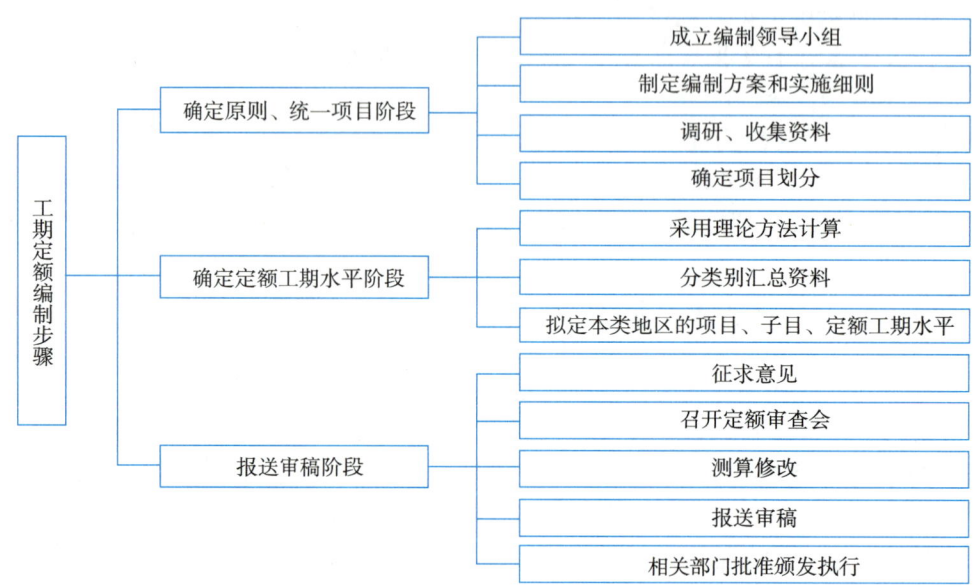

图 8-1　工期定额编制步骤

8.1.5　影响工期定额确定的主要因素

1. 时间因素

春、夏、秋、冬开工时间不同对施工工期有一定的影响，冬季开始施工的工程，有效工作天数相对较少，施工费用较高，工期也较长。春、夏季开工的项目可赶在冬天到来之前完成主体，冬天则进行辅助工程和室内工程施工，可以缩短建设工期。

2. 空间因素

空间因素也就是地区不同的因素。如北方地区冬季较长，南方则较短些，南方雨量较多，而北方则较少些。一般将全国划分为Ⅰ、Ⅱ、Ⅲ类地区。

3. 施工对象因素

施工对象因素是指结构、层数、面积不同对工期的影响。在工程项目建设中，同一规模的建筑由于其结构形式不同，如采用钢结构、预制结构、现浇结构或砖混结构，其工期不同。

同一结构的建筑，由于其层数、面积的不同，工期也不相同。

4. 施工方法因素

机械化、工厂化施工程度不同，也影响着工期的长短。机械化水平较高时，相应的工期会缩短。

5. 资金使用和物资供应方式的因素

一个建设项目批准后，其资金使用方式和物资供应方式是不同的，因而对工期也将产生不同影响。政府投资建设的工程，由于资金提供的时间和数量的不同，会对建设工程带来不同的影响。资金提供及时，项目能顺利进行，否则就会拖延工期。自筹资金项目在发生资金筹措困难时，或在资金提供拖延时，将直接延缓建设工期。

8.1.6 工期定额编制的方法

1. 网络法，也称关键线路法（CPM）

运用网络技术，建立网络模型，揭示建设项目在各种因素的影响下，建设过程中工程或工序之间相互连接、平行交叉的逻辑关系，通过优化确定合理的建设工期。

2. 评审技术法（PERT）

对于不确定的因素较多、分项工程较复杂的工程项目，主要是根据实际经验，结合工程实际，估计某一项目最大可能完成时间，最乐观、最悲观可能完成时间，用经验公式求出建设工期，通过评审技术法，可以将一个非确定性的问题，转化为一个确定性的问题，从而达到取得一合理工期的目的。

3. 曲线回归法

通过对单项工程的调查整理、分析处理，找出一个或几个与工程密切相关的参数与工期，建立平面直角坐标系，再把调查来的数据经过处理后反映在坐标系内，运用数学回归的原理，求出所需要的数据，用以确定建设工期。

4. 专家评估法（德尔菲法）

给工期预测的专家发调查表，用书面方式联系。根据专家的数据，进行综合、整理后，再匿名反馈给各专家，请专家再提出工期预测意见。经多次反复与循环，使意见趋于一致，作为工期定额的依据。

8.2 建筑安装工程工期定额应用

2000 年中华人民共和国建设部颁发了《全国统一建筑安装工程工期定额》。该定额执行以来，对加强建筑企业的生产经营管理、缩短施工工期、提高经济效益等方面，起到积极作用。近年来，随着科学技术的不断进步、管理水平的提高，该定额已经难以适应当前建设市场的需要。为满足科学合理确定建筑安装工程工期的需要，中华人民共和国住房和城乡建设部组织修编了《建筑安装工程工期定额》，自 2016 年 10 月 1 日起执行。

8.2.1 现行《建筑安装工程工期定额》（2016 年版）适用范围

《建筑安装工程工期定额》（以下简称《工期定额》）适用于民用与一般工业建筑的新建、扩建工程。

8.2.2 工期定额的基本内容

1. 章节划分

本定额根据工程类别，分为四大部分：第一部分民用建筑工程，第二部分工业及其他建筑工程；第三部分构筑物工程；第四部分专业工程。共列有 2638 个项目。工期定额的主要内容及项目划分见表 8-1。

2. 民用建筑工程定额基本结构和内容

民用建筑包括 ±0.000 以下工程、±0.000 以上工程、±0.000 以上钢结构工程和 ±0.000 以上超高层建筑四部分。

工期定额内容组成 表8-1

部分	各章内容	项目
第一部分 民用建筑工程	一、±0.000以下工程	63
	二、±0.000以上工程	946
	三、±0.000以上钢结构工程	37
	四、±0.000以上超高层建筑	24
第二部分 工业及其他建筑工程	一、单层厂房工程	16
	二、多层厂房工程	29
	三、仓库	56
	四、辅助附属设施	114
	五、其他建筑工程	70
第三部分 构筑物工程	一、烟囱	10
	二、水塔	37
	三、钢筋混凝土贮水池	8
	四、钢筋混凝土污水池	8
	五、滑模筒仓	44
	六、冷却塔	5
第四部分 专业工程	一、机械土方工程	57
	二、桩基工程	789
	三、装饰装修工程	102
	四、设备安装工程	113
	五、机械吊装工程	67
	六、钢结构工程	43
总计		2638

(1)±0.000以下工程划分为无地下室和有地下室两部分。无地下室项目按基础类型及首层建筑面积划分;有地下室项目按地下室层数(层)、地下室建筑面积划分。其工期包括±0.000以下全部工程内容,但不含桩基工程。

(2)±0.000以上工程按工程用途、结构类型、层数(层)及建筑面积划分。其工期包括±0.000以上结构、装修、安装等全部工程内容。

民用建筑单项工程工期定额基本结构如图8-2所示。

3. 工业及其他建筑工程工期定额基本结构和内容

本部分包括单层厂房、多层厂房、仓库、降压站、冷冻机房、冷库、冷藏间、空压机房、变电室、开闭所、锅炉房、服务用房、汽车库、独立地下工程、室外停车场、园林庭院工程。

(1)本部分所列的工期不含地下室工期,地下室工期执行±0.000以下工程相应项目乘以系数0.70。

(2)工业及其他建筑工程施工内容包括基础、结构、装修和设备安装等全部工程内容。

(3)本部分厂房指机加工、装配、五金、一般纺织(粗纺、制条、洗毛等)、电子、服装及无特殊要求的装配车间。

（4）冷库工程不适用于山洞冷库、地下冷库和装配式冷库工程。

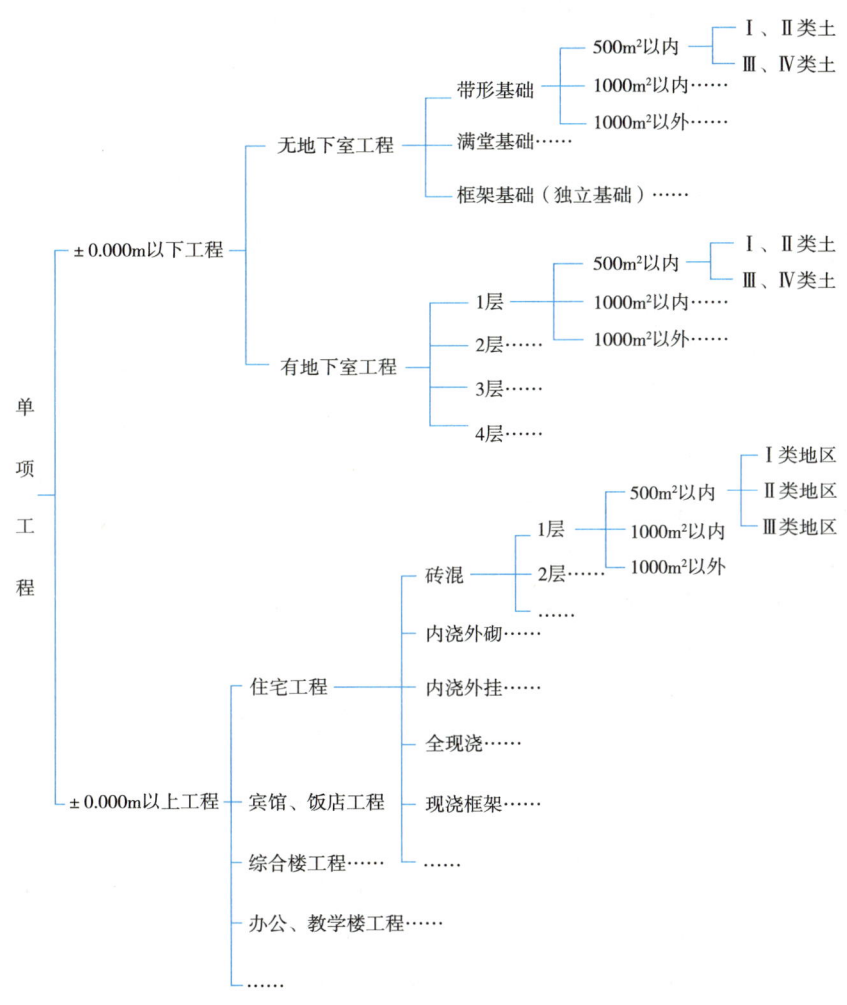

图 8-2　民用建筑单项工程工期定额基本结构

4. 构筑物工程定额基本结构和内容

本部分包括烟囱、水塔、钢筋混凝土贮水池、钢筋混凝土污水池、滑模筒仓、冷却塔等工程。

（1）烟囱工程工期是按照钢筋混凝土结构考虑的，如采用砖砌体结构工程，其工期按相应高度钢筋混凝土烟囱工期定额乘以系数 0.8。

（2）水塔工程按照不保温结构考虑的，如增加保温内容，工期应增加 10d。

5. 专业工程定额基本结构和内容

本部分包括机械土方工程、桩基工程、装饰装修工程、设备安装工程、机械吊装工程、钢结构工程。

（1）机械土方工程工期按不同挖深、土方量列项，包含土方开挖和运输。

（2）桩基工程包括预制混凝土桩、钻孔灌注桩、冲孔灌注桩、人工挖孔桩和钢板桩。

（3）装饰装修工程按照装饰装修空间划分为室内装饰装修工程和外墙装饰装修工程。

（4）设备安装工程包括变电室、开闭所、降压站、发电机房、空压站、消防自动报警系统、消防灭火系统、锅炉房、热力站、通风空调系统、冷冻机房、冷库、冷藏间、起重机和金属容器安装工程。工期计算从专业安装工程具备连续施工条件起，至完成承担的全部设计内容的日历天数。

（5）机械吊装工程包括构件吊装工程和网架吊装工程。

（6）钢结构工程工期是指钢结构现场拼装和安装、油漆等施工工期，不包括建筑的现浇混凝土结构和其他专业工程如装修、设备安装等的施工工期，不包括钢结构深化设计、构件制作工期。

8.2.3　民用建筑工程工期定额应用

《建筑安装工程工期定额》包括民用建筑工程、工业及其他建筑工程、构筑物工程、专业工程四部分，本书主要介绍民用建筑工程工期定额的应用。

1. 工期定额的表现形式

（1）工程使用功能：主要指本工程属于居住建筑、办公建筑、商业建筑等。

（2）结构类型：主要指砖混、现浇剪力墙、现浇框架、装配式混凝土等。

（3）层数：包括地上和地下的层数。

（4）建筑面积：根据计算，建筑面积分 500m² 以内、1000m² 以内、1000m² 以外等。

（5）地区类别：分Ⅰ、Ⅱ、Ⅲ类。

2. 民用建筑工程工期计算的一般方法

（1）±0.000m 以下工程：无地下室工程按首层建筑面积计算，有地下室工程按地下室建筑面积总和计算。

（2）±0.000m 以上工程：按±0.000m 以上部分建筑面积总和计算。

（3）总工期：按±0.000m 以下与±0.000m 以上工期之和计算。

（4）单项工程±0.000m 以下由 2 种或 2 种以上类型组成时，按不同类型部分的面积查出相应工期，相加计算。

（5）单项工程±0.000m 以上结构相同，使用功能不同。无变形缝时，按使用功能占建筑面积比重大的计算工期；有变形缝时，先按不同使用功能的面积查出工期，再以其中一个最大工期为基数，另加其他部分工期的 25% 计算。

（6）单项工程±0.000 以上由 2 种或 2 种以上结构组成。无变形缝时，先按全部面积查出不同结构的相应工期，再按不同结构各自的建筑面积加权平均计算；有变形缝时，先按不同结构各自的面积查出相应工期，再以其中一个最大工期为基数，另加其他部分工期的 25% 计算。

（7）单项工程±0.000 以上层数（层）不同，有变形缝时，先按不同层数（层）各自的面积查出相应工期，再以其中一个最大工期为基数，另加其他部分工期的 25% 计算。

（8）单项工程中±0.000 以上分成若干个独立部分时，参照《工期定额》总说明第十二条，同期施工的群体工程计算工期。如果±0.000 以上有整体部分，将其并入工期最大的单项（位）工程中计算。

（9）本定额工业化建筑中的装配式混凝土结构施工工期仅计算现场安装阶段，工期按照装配率 50% 编制。装配率 40%、60%、70% 的按本定额相应工期分别乘以系数 1.05、

0.95、0.90 计算。

（10）钢-混凝土组合结构的工期，参照相应项目的工期乘以系数 1.10 计算。

（11）±0.000 以上超高层建筑单层平均面积按主塔楼±0.000 以上总建筑面积除以地上总层数计算。

3. 在民用建筑工程工期计算中应注意以下几点：

（1）（《工期定额》总说明第十二条）同期施工的群体性工程中，一个承包商同时承包 2 个以上（含 2 个）单项（位）工程时，工期的计算：以一个最大工期的单项（位）工程为基数，加其他单项（位）工程工期总和乘以相应系数计算。

加 1 个单项（位）工程乘以系数 0.35；总工期 $T = T_1 + T_2 \times 0.35$

加 2 个单项（位）工程乘以系数 0.2；总工期 $T = T_1 + (T_2 + T_3) \times 0.2$

加 3 个单项（位）工程乘以系数 0.15；总工期 $T = T_1 + (T_2 + T_3 + T_4) \times 0.15$

加 4 个及以上的单项（位）工程不另增加工期；总工期 $T = T_1 + (T_2 + T_3 + T_4) \times 0.15$

其中：T_1、T_2、T_3、T_4 为所有单项（位）工程工期最大的前四个，且 $T_1 \geqslant T_2 \geqslant T_3 \geqslant T_4$。

（2）（《工期定额》总说明第十三条）本定额建筑面积按照国家标准《建筑工程建筑面积计算规范》GB/T 50353—2013 计算；层数以建筑自然层数计算，设备管道层计算层数，出屋面的楼（电）梯间、水箱间不计算层数。

（3）（《工期定额》总说明第十四条）本定额子目中凡注明"××以内（下）"者，均包括"××"本身；"××以外（上）"者，则不包括"××"本身。

8.3　建筑面积的计算

8.3.1　建筑面积的概念

建筑面积是指房屋建筑各层水平面积的总和。

建筑面积包括使用面积、辅助面积和结构面积。使用面积是指建筑物各层平面布置中可直接为生产或生活使用的净面积总和。居室净面积在民用建筑中，也称为居住面积。辅助面积是指建筑物各层平面布置中为辅助生产或生活所占净面积的总和。使用面积与辅助面积的总和为有效面积。结构面积是指建筑物各层平面布置中的墙体、柱等结构所占面积的总和。根据住房和城乡建设部《关于印发 2012 年工程建设标准规范制订修订计划的通知》（建标〔2012〕5 号）的要求，重新修订了《建筑工程建筑面积计算规范》GB/T 50353—2013，并在全国统一实施。

8.3.2　计算建筑面积的规定

1. 应计算建筑面积的范围

（1）建筑物的建筑面积应按自然层外墙结构外围水平面积之和计算。结构层高在 2.20m 及以上的，应计算全面积；结构层高在 2.20m 以下的，应计算 1/2 面积。

（2）建筑物内设有局部楼层时，对于局部楼层的二层及以上楼层，有围护结构的应按其围护结构外围水平面积计算，无围护结构的应按其结构底板水平面积计算，且结构层高在 2.20m 及以上的，应计算全面积，结构层高在 2.20m 以下的，应计算 1/2 面积。

（3）对于形成建筑空间的坡屋顶，结构净高在 2.10m 及以上的部位应计算全面积；结构净高在 1.20m 及以上至 2.10m 以下的部位应计算 1/2 面积；结构净高在 1.20m 以下的部位不应计算建筑面积。

（4）对于场馆看台下的建筑空间，结构净高在 2.10m 及以上的部位应计算全面积；结构净高在 1.20m 及以上至 2.10m 以下的部位应计算 1/2 面积；结构净高在 1.20m 以下的部位不应计算建筑面积。室内单独设置的有围护设施的悬挑看台，应按看台结构底板水平投影面积计算建筑面积。有顶盖无围护结构的场馆看台应按其顶盖水平投影面积的 1/2 计算面积。

（5）地下室、半地下室应按其结构外围水平面积计算。结构层高在 2.20m 及以上的，应计算全面积；结构层高在 2.20m 以下的，应计算 1/2 面积。

（6）出入口外墙外侧坡道有顶盖的部位，应按其外墙结构外围水平面积的 1/2 计算面积。

（7）建筑物架空层及坡地建筑物吊脚架空层，应按其顶板水平投影计算建筑面积。结构层高在 2.20m 及以上的，应计算全面积；结构层高在 2.20m 以下的，应计算 1/2 面积。

（8）建筑物的门厅、大厅应按一层计算建筑面积，门厅、大厅内设置的走廊应按走廊结构底板水平投影面积计算建筑面积。结构层高在 2.20m 及以上的，应计算全面积；结构层高在 2.20m 以下的，应计算 1/2 面积。

（9）对于建筑物间的架空走廊，有顶盖和围护设施的，应按其围护结构外围水平面积计算全面积；无围护结构、有围护设施的，应按其结构底板水平投影面积计算 1/2 面积。

（10）对于立体书库、立体仓库、立体车库，有围护结构的，应按其围护结构外围水平面积计算建筑面积；无围护结构、有围护设施的，应按其结构底板水平投影面积计算建筑面积。无结构层的应按一层计算，有结构层的应按其结构层面积分别计算。结构层高在 2.20m 及以上的，应计算全面积；结构层高在 2.20m 以下的，应计算 1/2 面积。

（11）有围护结构的舞台灯光控制室，应按其围护结构外围水平面积计算。结构层高在 2.20m 及以上的，应计算全面积；结构层高在 2.20m 以下的，应计算 1/2 面积。

（12）附属在建筑物外墙的落地橱窗，应按其围护结构外围水平面积计算。结构层高在 2.20m 及以上的，应计算全面积；结构层高在 2.20m 以下的，应计算 1/2 面积。

（13）窗台与室内楼地面高差在 0.45m 以下且结构净高在 2.10m 及以上的凸（飘）窗，应按其围护结构外围水平面积计算 1/2 面积。

（14）有围护设施的室外走廊（挑廊），应按其结构底板水平投影面积计算 1/2 面积；有围护设施（或柱）的檐廊，应按其围护设施（或柱）外围水平面积计算 1/2 面积。

（15）门斗应按其围护结构外围水平面积计算建筑面积，且结构层高在 2.20m 及以上的，应计算全面积；结构层高在 2.20m 以下的，应计算 1/2 面积。

（16）门廊应按其顶板的水平投影面积的 1/2 计算建筑面积；有柱雨篷应按其结构板水平投影面积的 1/2 计算建筑面积；无柱雨篷的结构外边线至外墙结构外边线的宽度为 2.10m 及以上的，应按雨篷结构板的水平投影面积的 1/2 计算建筑面积。

（17）设在建筑物顶部的、有围护结构的楼梯间、水箱间、电梯机房等，结构层高在 2.20m 及以上的应计算全面积；结构层高在 2.20m 以下的，应计算 1/2 面积。

（18）围护结构不垂直于水平面的楼层，应按其底板面的外墙外围水平面积计算。结构净高在 2.10m 及以上的部位，应计算全面积；结构净高在 1.20m 及以上至 2.10m 以下的部位，应计算 1/2 面积；结构净高在 1.20m 以下的部位，不应计算建筑面积。

（19）建筑物的室内楼梯、电梯井、提物井、管道井、通风排气竖井、烟道，应并入建筑物的自然层计算建筑面积。有顶盖的采光井应按一层计算面积，且结构净高在 2.10m 及以上的，应计算全面积；结构净高在 2.10m 以下的，应计算 1/2 面积。

（20）室外楼梯应并入所依附建筑物自然层，并应按其水平投影面积的 1/2 计算建筑面积。

（21）在主体结构内的阳台，应按其结构外围水平面积计算全面积；在主体结构外的阳台，应按其结构底板水平投影面积计算 1/2 面积。

（22）有顶盖无围护结构的车棚、货棚、站台、加油站、收费站等，应按其顶盖水平投影面积的 1/2 计算建筑面积。

（23）以幕墙作为围护结构的建筑物，应按幕墙外边线计算建筑面积。

（24）建筑物的外墙外保温层，应按其保温材料的水平截面积计算，并计入自然层建筑面积。

（25）与室内相通的变形缝，应按其自然层合并在建筑物建筑面积内计算。对于高低联跨的建筑物，当高低跨内部连通时，其变形缝应计算在低跨面积内。

（26）对于建筑物内的设备层、管道层、避难层等有结构层的楼层，结构层高在 2.20m 及以上的，应计算全面积；结构层高在 2.20m 以下的，应计算 1/2 面积。

2. 不计算建筑面积的范围

（1）与建筑物内不相连通的建筑部件；

（2）骑楼、过街楼底层的开放公共空间和建筑物通道；

（3）舞台及后台悬挂幕布和布景的天桥、挑台等；

（4）露台、露天游泳池、花架、屋顶的水箱及装饰性结构构件；

（5）建筑物内的操作平台、上料平台、安装箱和罐体的平台；

（6）勒脚、附墙柱、垛、台阶、墙面抹灰、装饰面、镶贴块料面层、装饰性幕墙，主体结构外的空调室外机搁板（箱）、构件、配件，挑出宽度在 2.10m 以下的无柱雨篷和顶盖高度达到或超过两个楼层的无柱雨篷；窗台与室内地面高差在 0.45m 以下且结构净高在 2.10m 以下的凸（飘）窗，窗台与室内地面高差在 0.45m 及以上的凸（飘）窗；

（7）室外爬梯、室外专用消防钢楼梯；

（8）无围护结构的观光电梯；

（9）建筑物以外的地下人防通道，独立的烟囱、烟道、地沟、油（水）罐、气柜、水塔、贮油（水）池、贮仓、栈桥等构筑物。

例 8-1 某建筑公司承包了一住宅工程，为现浇框架结构，±0.000m 以上 18 层，局部 19 层为电梯间房。建筑面积 15000m²，±0.000m 以下为 1 层地下室，建筑面积 850m²，该工程地处Ⅰ类地区，土壤类别为Ⅲ类土。地基处理采用 $\phi500$，长 18m 的预应力管桩 180 根。试计算该工程施工工期。

解 本住宅属于一般民用建筑，施工工期分为 ±0.000m 以下和 ±0.000m 以上两部分工期之和。

（1）±0.000m 以下工程工期

1）地下室工程：层数 1 层，建筑面积 850m²，Ⅰ类土，由此可查《工期定额》，见表 8-2。从定额表可知，定额编号为 1-25，单层地下室工期 $T_1 = 80d$。

有地下室工程   表 8-2

编号	层数（层）	建筑面积（m²）	工期（d）		
			Ⅰ类	Ⅱ类	Ⅲ类
1-25	1	1000 以内	80	85	90
1-26		3000 以内	105	110	115
1-27		5000 以内	115	120	125
1-28		7000 以内	125	130	135
1-29		10000 以内	150	155	160
1-30		10000 以外	170	175	180
1-31	2	2000 以内	120	125	130
1-32		4000 以内	135	140	145
1-33		6000 以内	155	160	165
1-34		8000 以内	170	175	180
1-35		10000 以内	185	190	195
1-36		15000 以内	210	220	230
1-37		20000 以内	235	245	255
1-38		20000 以外	260	270	280

2）打桩工程：预应力管桩 $\phi500$，桩深 18m，桩数 180 根。由此可查《工期定额》，见表 8-3。

从定额表可知，定额编号为 4-79，打桩工程施工工期 $T_2=26\mathrm{d}$。

故 ±0.000m 以下工程施工工期为 $T_{地下}=T_1+T_2=80+26=106\mathrm{d}$。

预制混凝土桩   表 8-3

编号	桩深（m）	工程最（根）	工期（d）		
			Ⅰ、Ⅱ类土	Ⅲ类土	Ⅳ类土
4-70	15 以内	700 以内	40	41	44
4-71		750 以内	41	42	45
4-72		800 以内	45	46	49
4-73		850 以内	47	48	51
4-74		900 以内	49	50	53
4-75		950 以内	51	52	55
4-76		1000 以内	52	53	56
4-77	20 以内	100 以内	13	14	17
4-78		150 以内	19	20	23
4-79		200 以内	25	26	29
4-80		250 以内	28	29	32
4-81		300 以内	31	32	35
4-82		350 以内	34	35	38
4-83		400 以内	36	37	40

（2）±0.000m 以上工程工期

±0.000m 以上共 18 层，第 19 层是电梯间房，按定额说明规定不计层数。现浇框架结构，建筑面积 15000m²，Ⅰ类地区，由此可查《工期定额》，见表 8-4。

居住建筑（一）　　　　　　　　　　　　　　　　　　　　表 8-4

结构类型：现浇框架结构

编号	层数（层）	建筑面积（m²）	工期（d）		
			Ⅰ类	Ⅱ类	Ⅲ类
1-157		15000 以内	375	395	430
1-158		20000 以内	390	410	445
1-159	16 以下	25000 以内	410	430	465
1-160		30000 以内	430	450	485
1-161		30000 以外	455	475	510
1-162		20000 以内	430	450	490
1-163		25000 以内	450	470	510
1-164	20 以下	30000 以内	475	495	535
1-165		40000 以内	515	535	575
1-166		40000 以外	540	560	600

从定额表可知，定额编号 1-162，±0.000m 以上施工工期 $T_3 = 430d$。

综上所述：该住宅工程总工期：$T = T_1 + T_2 + T_3 = 80 + 26 + 430 = 536d$。

例 8-2　某综合楼工程，±0.000m 以下为 2 层地下室，建筑面积 10000m²；±0.000m 以上分成三个独立部分，分别是 16 层现浇框架结构住宅工程，建筑面积 12000m²；18 层全现浇结构写字楼，建筑面积为 14000m²；6 层现浇框架结构商场，建筑面积 6000m²。桩基础采用 φ800，长 16m 钻孔灌注桩 380 根。该工程地区处Ⅰ类地区，土壤类别为Ⅲ类土。试计算该工程施工工期。

解　该工程施工工期由 ±0.000m 以下和 ±0.000m 以上两部分组成。

（1）±0.000m 以下工程工期

1）地下室工程：层数 2 层，建筑面积 10000m²，Ⅰ类土，由此可查表 8-2，定额编号为 1-35，地下室工期 $T_1 = 185d$。

2）打桩工程：钻孔灌注桩 φ800，桩深 16m，桩数 380 根，由此查《工期定额》，见表 8-5。

钻孔灌注桩　　　　　　　　　　　　　　　　　　　　　表 8-5

编号	桩深（m）	直径（cm）	工程量（根）	工期（d）		
				Ⅰ、Ⅱ类土	Ⅲ类土	Ⅳ类土
4-248			100 以内	12	14	19
4-249			150 以内	21	24	30
4-250	16 以内	φ80	200 以内	27	30	37
4-251			250 以内	34	37	43
4-252			300 以内	41	45	52

续表

编号	桩深（m）	直径（cm）	工程量（根）	工期（d）		
				Ⅰ、Ⅱ类土	Ⅲ类土	Ⅳ类土
4-253	16 以内	φ80	350 以内	48	52	58
4-254			400 以内	54	58	65
4-255			450 以内	61	65	73
4-256			500 以内	69	73	80
4-257			550 以内	77	81	88
4-258			600 以内	84	88	95
4-259			650 以内	91	96	104
4-260			700 以内	99	104	111

从定额表可知，定额编号为 4-254，打桩工程施工工期 $T_2 = 58$d。

故 ± 0.000m 以下工程施工工期 $T_{地下} = T_1 + T_2 = 185 + 58 = 243$d。

（2）± 0.000m 以上工程工期

1）现浇框架住宅：16 层，12000m^2，Ⅰ类地区。

查表 8-4 可知，定额编号 1-157，施工工期 $T_3 = 375$d。

2）全现浇结构写字楼：18 层，14000m^2，Ⅰ类地区。

查《工期定额》，见表 8-6。

办公建筑（一） 表 8-6

结构类型：现浇剪力墙结构

编号	层数（层）	建筑面积（m^2）	工期（d）		
			Ⅰ类	Ⅱ类	Ⅲ类
1-248	16 以下	15000 以内	360	385	405
1-249		20000 以内	380	405	425
1-250		25000 以内	400	425	445
1-251		30000 以内	420	445	465
1-252		30000 以外	445	470	490
1-253	20 以下	20000 以内	430	455	480
1-254		25000 以内	450	475	500
1-255		30000 以内	470	595	520
1-256		35000 以内	490	515	540
1-257		35000 以外	515	540	565

从定额表可知，定额编号 1-253，施工工期 $T_4 = 430$d。

3）现浇框架结构商场：6 层，6000m^2，Ⅰ类地区。

查《工期定额》，见表 8-7。

从定额表可知，定额编号 1-519，施工工期 $T_5 = 230$d。

根据《工期定额》规定，单项工程 ± 0.000m 以上分成若干独立部分时，先按各自的面积和层数查出相应工期，现以其中一个最大工期为基数，另加其他部分工期的 20% 计算。

商业建筑　　　　　　　　　　　　　　　　　　　　　　表 8-7

结构类型：现浇框架结构

编号	层数（层）	建筑面积（m²）	工期（d）		
			Ⅰ类	Ⅱ类	Ⅲ类
1-514	4 以下	2000 以内	170	180	195
1-515		4000 以内	185	195	210
1-516		6000 以内	200	210	225
1-517		6000 以外	220	230	245
1-518	6 以下	3000 以内	210	220	235
1-519		6000 以内	230	240	255
1-520		9000 以内	245	255	270
1-521		9000 以外	260	270	285

所以该工程总工期＝243＋430＋(375＋230)×20％＝794d

例 8-3 某建筑公司同时承包 3 栋住宅工程，其中 1 栋为全现浇结构，±0.000m 以上 18 层，建筑面积 12000m²，±0.000m 以下 1 层，建筑面积 800m²。另两栋为砖混结构 6 层，无地下室，带形基础，每栋建筑面积为 4200m²，其中首层建筑面积为 700m²（该工程地处Ⅰ类地区，土壤类别为Ⅲ类土）。试求该工程总工期。

解 （1）全现浇结构住宅工期

1）地下室工程：层数 1 层，建筑面积 800m²，Ⅲ类土，由此可查《工期定额》。从表 8-2 可知，定额编号为 1-25，单层地下室工期 $T_1＝80d$。

2）±0.000m 以上工程：层数 18 层，建筑面积 12000m²，Ⅰ类地区全现浇结构。查《工期定额》，见表 8-8。

居住建筑（二）　　　　　　　　　　　　　　　　　　表 8-8

结构类型：现浇剪力墙结构

编号	层数（层）	建筑面积（m²）	工期（d）		
			Ⅰ类	Ⅱ类	Ⅲ类
1-113	16 以下	15000 以内	305	325	350
1-114		20000 以内	325	345	370
1-115		25000 以内	345	365	390
1-116		30000 以内	375	395	425
1-117		30000 以外	410	430	460
1-118	20 以下	20000 以内	360	380	410
1-119		25000 以内	385	405	435
1-120		30000 以内	410	430	460
1-121		35000 以内	435	455	485
1-122		40000 以内	460	480	515
1-123		40000 以外	485	505	540

从定额表可知，定额编号 1-118，施工工期 $T_2＝360d$。

全现浇结构住宅工期＝T_1+T_2＝80＋360＝440d。

（2）砖混结构住宅工期

1）±0.000m以下工程：带形基础无地下室，建筑面积700m^2，查《工期定额》，见表8-9。

无地下室工程　　表8-9

编号	基础类型	首层建筑面积（m²）	工期（d）		
			Ⅰ类	Ⅱ类	Ⅲ类
1-1		500 以内	30	35	40
1-2		1000 以内	36	41	46
1-3		2000 以内	42	47	52
1-4	带形基础	3000 以内	49	54	59
1-5		4000 以内	64	69	74
1-6		5000 以内	71	76	81
1-7		10000 以内	90	95	100
1-8		10000 以外	105	110	115

从定额表可知，定额编号1-2，施工工期 T_3＝36d。

2）±0.000m以上工程：层数6层，建筑面积4200m^2，Ⅰ类地区砖混结构。查《工期定额》，见表8-10。

居住建筑（三）　　表8-10

结构类型：砖混结构

编号	层数（层）	建筑面积（m²）	工期（d）		
			Ⅰ类	Ⅱ类	Ⅲ类
1-76		3000 以内	130	140	165
1-77		5000 以内	150	160	185
1-78	5	8000 以内	170	180	205
1-79		10000 以内	185	195	220
1-80		10000 以外	205	215	240
1-81		4000 以内	160	170	195
1-82		6000 以内	175	185	210
1-83	6	8000 以内	190	200	225
1-84		10000 以内	205	215	240
1-85		10000 以外	225	235	260

从定额表可知，定额编号1-82，施工工期 T_4＝175d。

一栋住宅总工期＝T_3+T_4＝36＋175＝211d

（3）该工程总工期

根据定额规定：一个承包方同时承包3个单项工程时，工期计算，以一个单项工程的最大工期为基数，另加其他单项工程工期总和乘0.2的系数。

该工程总工期＝440＋（211＋211）×0.2＝524d

例8-4　某综合楼±0.000m 以下为 2 层地下室，建筑面积 10000m²，±0.000m 以上 1～2 层为整体部分现浇框架结构商场，建筑面积 10000m²，3 层以上分成两个独立部分：分别为 14 层全现浇框架结构住宅，建筑面积 9000m²；18 层现浇框架结构写字楼，建筑面积 15000m²（该工程地处Ⅰ类地区，土壤类别为Ⅲ类土）。试计算该工程总工期。

解　根据定额规定：单项工程中±0.000m 以上为整体，整体上又分成若干个独立部分时，先按各自独立部分的面积和层数查出相应工期，然后再以其中一个最大工期为基数，另加其他部分工期的 25% 计算。±0.000m 以上的整体部分的工期，结构类型相同，将其面积并入最大部分工期中计算，结构类型不同，按各自的建筑面积加权平均计算。

（1）地下室工程

2 层 10000m²，查《工期定额》，从表 8-2 可知，定额编号 1-35，施工工期 T_1＝185d。

（2）±0.000m 以上工程

1）全现浇框架结构住宅：16 层，10000m² 以内，查表 8-4 可知，定额编号 1-157，施工工期 T_2＝375d。

2）全现浇框架写字楼 20 层，15000m²，查《工期定额》，见表 8-11。

办公建筑（二）

表 8-11

结构类型：现浇框架结构

编号	层数（层）	建筑面积（m²）	工期（d）		
			Ⅰ类	Ⅱ类	Ⅲ类
1-291	16 以下	15000 以内	405	425	450
1-292		20000 以内	430	450	475
1-293		25000 以内	455	475	500
1-294		30000 以内	480	500	525
1-295		30000 以外	510	530	555
1-296	20 以下	20000 以内	485	510	540
1-297		25000 以内	510	535	565
1-298		30000 以内	535	560	590
1-299		35000 以内	560	585	615
1-300		35000 以外	590	615	645

从表中可知，定额编号 1-296，定额工期 T_3＝485d。

3）18 层现浇框写字楼工期 485d，大于 14 层框架住宅工期 375d。商场与写字楼结构相同，将±0.000m 以上 1～2 层整体部分的商场 10000m² 建筑面积并入 18 层现浇框架结构写字楼 15000m² 建筑面积中，共计建筑面积 25000m²。现浇框架结构写字楼，查表 8-11，定额编号 1-297，施工工期 T_4＝510d。

（3）该工程总工期

$$T＝185＋510＋375×0.35＝826d$$

思　考　题

1. 什么是工期定额，什么是建设工期定额，什么是施工工期定额？

2. 施工工期从什么时间开始计算起始日？

3. 工期定额的作用有哪些？

4. 工期定额的编制原则有哪些？

5. 工期定额的编制依据是什么？

6. 工期定额的编制步骤包括哪几个阶段，具体内容包括哪些？

7. 影响工期定额的主要因素有哪些？

8. 工期定额的编制有哪些方法？

9. 现行《建筑安装工程工期定额》（2016 年版）适用范围是什么？

10. 现行工期定额章节如何划分？

11. 试述民用建筑工程单项工程工期定额的基本结构和内容。

12. 试述民用建筑工程单位工程工期定额的基本结构和内容。

13. 试述工业与其他建筑工程工期定额的基本结构和内容。

14. 单项工程、单位工程结构工程、单位工程装修工程工期定额的表现形式是什么？

15. 试述民用建筑工程工期计算的一般方法。

16. 某建筑公司同时承包 4 幢住宅工程和 1 幢商店，其中住宅为：两幢现框架结构，±0.000m 以上 18 层，每幢建筑面积 10000m²，±0.000m 以下 1 层，建筑面积 800m²；另两幢为砖混结构 6 层，无地下室，带形基础，每幢建筑面积均为 4200m²，其中建筑面积 700m²；商店为框架结构：±0.000m 以下 1 层，建筑面积 1500m²，±0.000m 以上 6 层，建筑面积 8000m²。该工程地处 Ⅱ 类地区，土壤类别为 Ⅲ 类土。试计算施工总工期。

17. 某住宅工程为全现浇结构，±0.000m 以上 22 层，建筑面积 25000m²，±0.000m 以下 2 层，建筑面积 2600m²，打桩工程采用 φ600 预应力管桩，桩长 24m，桩数为 300 根。试计算该住宅工程总工期。

18. 某单位工程 ±0.000m 以上：1～2 层为现混凝土框架结构商场工程，建筑面积 3000m²；3～8 层砖混结构住宅，建筑面积 6000m²。该工程地处 Ⅰ 类地区。试计算该工程 ±0.000m 以上工期。

19. 某单位工程以 ±0.000m 以上变形缝为界划分为两个部分：一部分为 6 层全现浇结构商场，建筑面积为 6500m²；另一部分为 6 层现浇框架结构办公楼，建筑面积 6000m²。该工程地处 Ⅰ 类地区。试计算该工程 ±0.000m 以上工期。

20. 某综合楼，±0.000m 以下为 3 层地下室，建筑面积 20000m²。±0.000m 以上 1～2 层为现浇框架结构商场，建筑面积 12000m²，3 层以上分成两个独立部分：分别为 16 层全现浇结构写字楼，建筑面积 9800m²；18 层全现浇结构宾馆，建筑面积 15000m²（该工程地处 Ⅰ 类地区，土壤类别为 Ⅱ 类土）。试计算该工程总工期。

自 测 题

一、单项选择题

1. 工期定额是以（　　）天数为计量单位。

A 日历　　　　　　　　　　B 有效工作天数

C 法定工作　　　　　　　　D 正常工作

2. 单项工程利用桩基础工程，以自然地坪打（　　）为准。

A 试验桩　　　　　　　　　B 非护坡桩

C 正式桩　　　　　　　　　D 定位放线

3. 建筑工程正式开始施工的日期，建筑工程以（　　）为准。

A 场地平整　　　　　　　　B 地上、地下障碍物处理

C 非正式破土挖槽　　　　　D 定位放线

4. 单位工程结构工程工期定额套用与下列（　　）因素无关。

A 使用功能   B 结构类型   C 地区类别   D 建筑面积

5. 现行工期定额将全国划分为（   ）类别地区。

A 2   B 3   C 4   D 5

6. 一个承包方同时承包 3 个单项工程时，工期的计算：总和乘（   ）系数计算。

A 0.35   B 0.2   C 0.15   D 0.5

7. 以下属于工期定额编制方法的是（   ）。

A 关键线路法   B 专家评估法

C 技术测定法   D 评审技术法

8. 《建筑安装工程工期定额》（2016 年版）共有（   ）部分组成。

A 3   B 4   C 5   D 6

9. 突出层面的楼（电）梯间、水箱间按（   ）计算层数。

A 0   B 1/2   C 1/4   D 1

10. ±0.000 以下，±0.000 以上工程，不适用于（   ）。

A 单项工程   B 单位工程中的结构工程

C 体育馆工程   D 住宅工程

二、多项选择题

1. 现行工程定额包括（   ）等部分。

A 民用建筑工程   B 工业建筑工程

C 其他建筑工程   D 专业工程

E 构筑物工程

2. 民用建筑工程工期定额划分为（   ）等章。

A 单项工程   B 建设工程

C 单位工程   D 分部工程

E 分项工程

3. 单项工程工期是指一个施工企业承包的基础、结构、装修及安装等全部工程工期外，还包括（   ）工期。

A 管线长度在规定内   B 管线长度在规定内

C 道路面积在规定内   D 道路面积在规定内

E 停车场面积在规定内

4. 装修工程工期定额的套用主要取决于（   ）等因素。

A 使用功能   B 其结构类别

C 装修标准   D 建筑面积

E 地区类别

5. （   ）不允许加工期。

A 自然地坪打基础桩   B 一个承包方在同一地点同时承包 41 幢单项工程

C 围护工程   D 单项工程的建筑面积超过工期定额的建筑面积

E 定外管线＞100m

6. 装修工程工期适用于单位工程，其工期包括（   ）。

A 内装修   B 设备安装

C 外装修   D 内外装修相应机电安装

E 结构加固

7. 建设项目管理的三大目标是（   ）。

A 建设工期   B 工程造价

C 工程质量   D 施工工期

E 工程成本

三、计算题

1. 某建筑公司同时承包 4 幢住宅工程和 1 幢商店,其中住宅为:两幢现框架结构,±0.000 以上 18 层,每幢建筑面积 10000m²,±0.000 以下 1 层,建筑面积 800m²;另两幢为砖混结构 6 层,无地下室,带形基础,每幢建筑面积均为 4200m²,其中建筑面积为 700m²;商店为框架:±0.000 以下 1 层,建筑面积为 1500m²,±0.000 以上 6 层,建筑面积 8000m²。该土地处 Ⅱ 类地区,土壤类别为 Ⅲ 类土。

试计算施工总工期。

2. 某住宅工程为全现浇结构,±0.000 以上 22 层,建筑面积 25000m²,±0.000 以下 2 层,建筑面积 2600m²,打桩工程采用 ϕ600 预应力管桩,桩长 24m,桩数为 300 根。试计算该住宅工程总工期。

参 考 文 献

[1] 尹贻林. 工程造价计价与控制 [M]. 北京：中国计划出版社，2003.

[2] 住房和城乡建设部. 房屋建筑与装饰工程消耗量定额：TY 01—31—2015 [S]. 北京：中国计划出版社，2015.

[3] 《建设工程劳动定额》编制组.《建设工程劳动定额》宣贯材料 [M]. 北京：中国计划出版社，2009.

[4] 尚矗. 建筑工程预算与报价 [M]. 北京：科学出版社，2001.

[5] 钱昆润，戴望贵，沈杰. 建筑工程定额与预算 [M]. 南京：东南大学出版社，2002.

[6] 住房和城乡建设部. 建筑安装工程工期定额：TY 01—89—2016 [S]. 北京：中国计划出版社，2016.

[7] 胡德明. 建筑工程定额原理与概预算 [M]. 北京：中国建筑工业出版社，1996.

[8] 人力资源和社会保障部，住房和城乡建设部. 建设工程劳动定额 建筑工程：LD/T 72.1～11—2008 [S]. 北京：中国计划出版社，2009.

[9] 人力资源和社会保障部，住房和城乡建设部. 建设工程劳动定额 装饰工程：LD/T 73.1～4—2008 [S]. 北京：中国计划出版社，2009.

[10] 住房和城乡建设部，国家质量监督检验检疫总局. 建设工程工程量清单计价规范：GB 50500—2013 [S]. 北京：中国计划出版社，2013.

[11] 浙江省建设工程造价管理总站. 浙江省房屋建筑与装饰工程预算定额（2018 版）[M]. 北京：中国计划出版社，2018.

[12] 浙江省发展和改革委员会. 浙江省建设工程其他费用定额（2018 版）[M]. 北京：中国计划出版社，2020.

[13] 住房和城乡建设部，财政部. 建筑安装工程费用项目组成 [Z]. 2013.